电力软件供应链
安全管理与测试

国网宁夏电力有限公司电力科学研究院　组编

中国电力出版社

CHINA ELECTRIC POWER PRESS

内容提要

本书聚焦电力软件供应链安全管理与测试领域。主要内容涵盖软件供应链的全方位知识，包括概念、流程、安全现状、重要性及政策驱动；深入剖析其面临的各类挑战，如典型安全事件、风险特征、开源软件供应链风险与漏洞攻击方式等；详细阐述电力软件供应链的现状、安全组织管理、安全检测技术、风险治理及检测技术应用等实践内容；并对未来发展趋势进行多维度展望。

本书读者对象主要为电力行业从事软件供应链安全管理与测试工作的专业人士，包括企业管理人员、技术人员、研究人员以及相关专业的师生等。

图书在版编目（CIP）数据

电力软件供应链安全管理与测试／国网宁夏电力有限公司电力科学研究院组编. －－ 北京：中国电力出版社，2024. 12. －－ ISBN 978 - 7 - 5198 - 9509 - 9

Ⅰ. TM7 - 39

中国国家版本馆 CIP 数据核字第 2024AU3646 号

出版发行：中国电力出版社

地　　址：北京市东城区北京站西街 19 号（邮政编码 100005）

网　　址：http://www.cepp.sgcc.com.cn

责任编辑：陈　丽

责任校对：黄　蓓　马　宁

装帧设计：郝晓燕

责任印制：石　雷

印　　刷：廊坊市文峰档案印务有限公司

版　　次：2024 年 12 月第一版

印　　次：2024 年 12 月北京第一次印刷

开　　本：710 毫米×1000 毫米　16 开本

印　　张：9

字　　数：159 千字

定　　价：45.00 元

编委会

前　言

在信息技术迅猛发展、数字化浪潮席卷全球的背景下，软件供应链已成为现代产业体系中至关重要的组成部分，深刻影响并重塑着各行各业的运作模式和发展路径。随着软件技术的飞速进步和广泛应用，软件供应链的规模不断扩大，架构日益复杂，潜在的安全风险随之增加，且呈现出多样化趋势。例如，SUNBURST 后门事件、Log4Shell 漏洞事件等恶性安全事故导致众多企业数据被盗、业务中断、声誉受损，造成了巨大的经济损失和深远的社会影响。在这一严峻形势下，软件供应链安全问题迅速成为全球关注的焦点议题，各国政府、企业界和科研机构纷纷投入大量资源，积极寻求有效的应对策略，软件供应链安全领域的知识体系和技术框架得以不断丰富和完善。电力行业作为现代社会的能源基石，电力软件供应链安全更是成为保障电力系统稳定运行、维护国家能源安全的关键要素。

编写本书旨在为电力行业及相关领域从业者提供全面、前沿且实用的软件供应链安全管理与测试指南。全书围绕软件供应链安全核心主题精心架构。开篇奠定理论基石，阐释基础概念、剖析流程环节、解读政策法规、强调战略意义；继之以丰富案例展现安全现状与挑战，深挖风险根源特征；重点聚焦电力软件供应链，阐述其现状困境，构建系统组织管理体系，完善风险治理标准化框架；详介多元安全检测技术及应用策略，涵盖人工与机器协同、知识库与检测工具构建等；展望未来发展趋势，指引创新方向。

由于作者水平的限制和时间仓促，书中难免存在错误和不当之处，敬请广大读者批评指正。

作者

2024 年 11 月

目　录

第一章　软件供应链安全

>>>

第一节　软件供应链概述

　　传统行业中的供应链概念，在软件领域同样具有重要意义。为了确保软件的质量、可靠性和安全性，软件供应链中的每一个环节都需要得到严格的控制和管理。通过优化软件供应链，可以提高软件开发的效率和质量，降低软件维护的成本和风险。

　　当前，对于软件供应链尚未形成统一且严格的定义。然而，业界已对传统供应链概念进行了拓展，将软件供应链定义为从软件供应商到最终用户手中，并在其使用过程中所涉及的相关环节的连接。这一过程可细分为开发、交付和使用三大关键环节。软件供应链的主要内容包括软件生命周期内的生产过程、内部环境和外部环境等因素。值得注意的是，软件供应链涉及数以万计的开源供应商（项目），这些供应商每年产生数百万个组件和版本。

　　在软件开发过程中，开发人员会根据软件功能需求，引入相应的代码仓库、组件和函数库等"零部件"，并将其组装成完整的应用程序。随后，这些应用程序将被部署至生产环境中。在此过程中，所引用的所有第三方"零部件"共同构成了软件的供应链。因此，结合传统供应链概念，可将软件供应链定义为：涵盖软件需求分析、设计、编码、测试、发布及维护等全生命周期的重要概念。

　　软件供应链的流程涉及多个核心环节：①在需求分析和规划阶段，供应链参与者需与客户和用户深入沟通，明确需求与期望，并制定相应的软件开发与交付计划；②在软件开发和编码阶段，开发人员依据需求规范和设计要求完成编码工作，构建软件的核心功能和模块；③在软件测试和验证阶段，测试团队对软件进行全面的测试，确保软件质量符合既定标准；④在软件部署和发布阶段，软件被部署至目标环境，并正式交付给用户使用；⑤在软件维护和更新阶段，持续对软件进行监控、修复漏洞、添加新功能等，以保障软件的稳定运行和持续改进。

软件供应链安全问题历来备受瞩目，恶意攻击者常利用供应链中的薄弱环节和漏洞，对软件和系统进行攻击和破坏。在软件供应链的各个阶段，均存在不容忽视的安全风险。

一、开发阶段存在的风险

在软件开发阶段，由于尚未形成统一且规范的发布渠道，部分工具未经专业安全检验便发布，存在安全隐患。这些工具多由商业公司或个人开发，其代码复杂性较高，开发人员往往优先考虑易用性，在安全性方面缺乏充分考量。因此，软件开发阶段存在较高的病毒污染风险，一旦受到病毒污染，功能模块的正常运行将受到干扰。此外，源代码打包或开发过程中可能存在后门留存问题，对程序的安全性和稳定性构成威胁。若开发人员未遵循相关标准下载工具，也可能引入软件风险，导致代码被攻击和篡改。

对于自主研发的软件，开发人员往往更加注重软件功能的实现，可能采用较为成熟的软件开发框架。然而，在追求功能实现的过程中，安全性问题往往被忽视，如未采用安全函数、编程逻辑存在缺陷等。若软件开发中使用了不安全的工具和第三方库，将进一步增加病毒污染的风险，甚至可能引入未知的后门，引发严重的安全问题。对于外采购的软件，除了面临自主研发中的安全风险外，还可能存在其他潜在风险。

在软件测试环节，测试人员通常借助测试工具开展工作。然而，若测试工具被恶意代码感染，将难以构建安全的测试环境，导致测试任务无法正常进行。此外，测试人员的安全意识也直接影响到软件供应链的安全性。若测试人员缺乏安全意识，未严格执行操作规范，可能引发次生感染，进一步加剧安全风险。

二、交付环节存在的风险

在软件研发过程中，发布渠道的选择至关重要。当前市场上存在多种发布渠道，每种渠道都有其特点和风险。由于相关部门对软件发布渠道的监管力度不足，部分应用发布商在发布软件时未能进行全面、细致的安全审核，导致潜在的安全隐患。同时，市场上还存在一些个人发布渠道，其安全性和可靠性难以保证。在软件上传至渠道后，其传输路径、存储和发布等环节也可能被不法分子利用，进行恶意攻击和篡改。若未选择正规的发布平台，软件可能被植入恶意代码，对用户造成损害。

在软件的发布与下载环节，软件厂商往往出于推广目的考虑，可能采取一些捆绑安装自有软件的做法。这种做法在第三方下载点、云服务、破解软件等场景中尤为常见。然而，这种做法可能导致用户在未察觉的情况下下载并安装了恶意代码或软件。此外，域名劫持、内容分布系统缓存节点篡改等安全问题也可能使用户在下载过程中受到攻击。

三、应用阶段存在的风险

在软件应用阶段，根据用户行为的不同，可进一步细分为安装、升级和卸载等子阶段。在安装软件时，若安装源存在安全风险，可能导致恶意代码的植入。为应对这一风险，部分软件采用脚本安装工具进行辅助安装。然而，这种方式在提供便利的同时，也增加了额外的安全风险，可能诱发供应链安全问题。此外，由于软件市场尚不成熟，存在大量盗版软件和非法激活工具等，这些工具往往不符合法律法规要求，也增加了软件供应链的安全风险。

在软件升级过程中，升级包的安全性至关重要。升级包是对原软件进行升级的代码包，必须经过权威机构的认证和审核。若使用未经认证的升级包，将可能导致软件出现安全问题。此外，官方厂商和第三方认证组织在发布补丁时，若未能提供清晰、明确的指引，可能导致用户误下载和安装有漏洞的补丁或升级包，进一步加剧安全风险。

在软件卸载阶段，部分软件厂商为方便用户卸载而内嵌了卸载工具。然而，这种做法在某些情况下可能导致卸载操作不完全或残留过多文件，增加了安全风险。同时，若卸载过程中未能彻底清除相关文件和配置信息，也可能为恶意攻击者提供可乘之机。

第二节　软件供应链安全现状

互联网以共享的形式极大降低了许多领域的进入成本，让科技的发展普惠大众。在 IT 领域，互联网带来的共享便利就体现在开源文化的推行，这不仅丰富了 IT 产品，也塑造了 IT 行业生态，软件的开发更加便捷，迭代速度越来越快，形成了"软件定义"的行业生态。

但网络安全问题却是互联网的共享、开源所带来的副产品，始终威胁着以开源为创新动力的企业。在软件定义的互联网新时代里，软件供应链的安全就关乎企业的网络安全、经营安全。

政策和流程控制作为规避软件供应链风险的有效手段，在保障软件安全方面发挥着关键作用。目前，美国国家标准与技术研究院（National Institute of Standards and Technology，NIST）的标准系列文件已在全球范围内获得广泛认可，成为安全领域的事实标准和权威指南。近年来，随着一系列管理措施的落地和实施，以及管理范围的不断拓展，美国软件供应链安全防御体系得以持续加强。特别是 2017 年和 2018 年，针对关键信息基础设施相关的供应链安全，美国政府提出了明确要求，包括推动供应链风险态势及相关信息的共享、加强供应链风险审查评估、促进相关标准的实施应用等。

美国政府正逐步深化和细化对软件供应链安全问题的关注，日益聚焦于特定的 IT 产品和服务。2021 年 5 月 12 日，美国总统拜登签署并发布了《改善国家网络安全行政令》，该行政令是美国联邦政府为保护本国软件供应链安全所采取的最有力措施。该行政令要求向联邦政府正式出售软件的任何企业，不仅要提供应用程序本身，还需提供软件物料清单，以增强组成应用程序组件的透明度，进而构建更具弹性和安全性的软件供应链环境，确保美国的国家安全。

除美国外，其他国家也在积极应对软件供应链安全问题。2016 年，英国国家互联网应急中心（Computer Emergency Response Team UK，CERT – UK）发布了供应链网络安全风险白皮书，详细分析了各类软件供应链的风险案例，并提出了相应的规避建议。2018 年 1 月，英国国家网络安全中心（the National Cyber Security Centre，NCSC）发布了供应链安全专题和指导文件，包含 12 条安全原则以及供应链攻击示例、安全性评估方法和管理实践等内容。

在企业层面，开源软件作为软件供应链的重要组成部分，国际上的头部企业也在积极开展合作。以谷歌（Google）为首的七家技术公司于 2017 年合作推出了名为 Grafeas 的开源计划，旨在为企业定义统一的方式，以审计和管理其使用的开源项目。

同时，众多国际知名企业正不断加大针对软件供应链的安全风险治理工作。这些企业采用软件成分分析技术，确保第三方开源组件的安全性；针对软件开发过程，微软提出的软件安全开发生命周期（security development lifecycle，SDL）以及 Gartner（美国高德纳公司）提出的 DevSecOps 理念，均旨在帮助企业降低在软件开发过程中面临的安全风险。

随着互联网环境的日益复杂，中国网络安全形势也日趋严峻。2017 年 6 月国家出台的《网络产品和服务安全审查办法》为软件产品的测试、交付等供应链环节提供了法律保障。2020 年 4 月底，为进一步提升软件供应链的安全性，国家《网络安全审查办法》发布，强调在涉及国家安全的网络产品和服务采购过程中，应从多个角度实施网络安全审查和监管。这一法规的发布进一步引发了社会对软件供应链安全问题的关注。

从企业角度来看，国内领先的互联网企业和安全制造商在软件供应链安全方面投入了大量资源，实施了各种安全措施。这些措施对于保障软件供应链安全起到了重要作用，特别是大型企业在软硬件安全检测、攻击与反渗透、源代码安全审计、漏洞挖掘等方面的投入，帮助企业建立了较为完善且有效的安全防护体系。

总体来看，国内软件供应链安全现状表现为以下几个方面：①软件供应链安全事件频发，数据泄露、网络敲诈等事件多与软硬件漏洞有关；②软件供应链攻击增长迅速，针对软件供应链的安全攻击始终存在且呈现增长趋势；③软件供应链攻击左移带来安全左移，攻击者常在开发环节攻击软件，推动安全类产品不断更新和完善。

软件供应链安全已成为全球性的挑战，各国和组织都在积极应对。随着技术的不断进步和安全意识的日益提高，预计软件供应链安全问题将受到更多关注和投入，并成为未来发展的重要议题。

第三节　软件供应链安全的重要性

在当今数字化高度发展的时代，软件已成为企业运营和社会运转的核心要素之一。软件供应链安全的重要性日益凸显，它对于保障信息系统的稳定运行、保护用户数据隐私以及维护国家的网络安全都具有至关重要的意义。

一、保障业务连续性

现代企业高度依赖各种软件开展业务。如果软件供应链存在安全漏洞，可能导致软件无法正常运行，从而造成业务中断。例如，关键业务系统所依赖的某个底层软件组件遭受攻击或出现故障，会使得整个业务流程停滞，给企业带来巨大的经济损失。

以金融行业为例，如果银行的核心交易系统所使用的软件存在安全隐患，可能导致交易失败、系统瘫痪，不仅会影响客户的正常业务办理，还可能损害银行的声誉和信用。

二、保护用户数据隐私

软件在运行过程中通常会处理大量的用户数据。若软件供应链被攻破，攻击者有可能获取到用户的敏感信息，如个人身份信息、财务数据、健康记录等。这将严重侵犯用户的隐私权，导致用户信任度下降。

例如，一款流行的移动应用程序，如果其供应链中的某个环节被黑客入侵，用户的登录凭证、位置信息等隐私数据就可能被窃取，进而被用于欺诈、身份盗窃等非法活动。

三、维护企业声誉和竞争力

一旦企业因软件供应链安全问题遭受数据泄露或业务中断，其声誉将受到严重损害。消费者可能会质疑企业的安全性，转而选择竞争对手的产品或服务，从而影响企业的市场份额和竞争力。

比如，一家电商企业如果发生用户数据大规模泄露事件，消费者可能会对其安全性失去信心，减少在该平台的购物活动，转而选择其他更有保障的电商平台。

四、防范网络攻击的扩散

软件供应链的复杂性使得一个环节的安全漏洞可能影响到众多依赖该软件的组织和系统。攻击者可以利用软件供应链的漏洞，实现大规模的网络攻击扩散。

例如，一个广泛使用的开源软件库存在安全漏洞，众多使用该库的应用软件都会受到威胁。攻击者可以通过攻击这个开源库，进而影响到大量的软件应用和用户。

五、符合法规要求

许多国家和地区都出台了严格的数据保护和网络安全法规。企业必须确保软件供应链的安全性，以符合这些法规的要求，避免面临巨额罚款和法律责任。

比如欧盟的《通用数据保护条例》(*General Data Protection Regulation*,GDPR)对企业处理用户数据的安全性提出了严格要求,如果企业因软件供应链安全问题导致数据泄露,可能会面临高额罚款。

六、支持国家关键基础设施的稳定运行

能源、交通、通信等关键基础设施都依赖软件来运行和控制。软件供应链的安全漏洞可能威胁到国家关键基础设施的安全,影响社会的正常运转和国家安全。

例如,电力系统中的控制软件如果受到攻击,可能导致电网瘫痪,影响整个地区的电力供应。

七、促进产业健康发展

一个安全可靠的软件供应链环境能够增强开发者和供应商的信心,促进软件产业的健康发展。相反,频繁的安全事件会打击开发者的积极性,阻碍技术创新和行业进步。

总之,软件供应链安全是当今数字时代不可忽视的重要问题。保障软件供应链的安全,对于企业的生存发展、用户的权益保护、国家的安全稳定以及整个软件产业的繁荣都具有极其重要的意义。

第四节 政策驱动下的软件供应链安全

软件供应链安全是一个全球性问题,究其根本,是由于软件行业全球化、市场化、模块化的特点而生。各国政府正加大软件供应链安全的法规和政策力度,重点关注安全设计、开发、责任和自我证明,并推动第三方认证。美国食品药品管理局(Food and Drug Administration,FDA)提出新要求,关注开源软件风险。欧盟的《网络弹性法案》要求网络安全成为产品关键因素,违规行为可能导致销售限制。《欧盟人工智能法案》确保可信赖 AI 系统的开发和实施。国际协作项目也在推进中。软件供应链安全是 2024 年网络安全领域的重点议题之一,因为近年来 SolarWinds、Log4j2、微软、Okta、npm 等一系列软件供应链攻击已经为业界敲响了警钟。利用文件传输服务(managed file transfer,MFT)漏洞的勒索软件攻击更是给数以千计的企业造成重大损失。面对快速增

长的软件供应链威胁，各国政府纷纷颁布法规和政策，重点覆盖软件的安全设计、安全开发、软件责任和自我证明，以及第三方认证等议题。

一、美国的政策

1. 网络安全总统行政命令

美国软件供应链安全指南的大部分内容可追溯到拜登的 14028 号总统行政命令——"关于改善国家网络安全的行政命令"。虽然该行政命令本身并没有给出太多软件供应链安全相关的具体要求，但制定了指导方针。例如，第 4 节特别关注"增强软件供应链安全"，并对美国国家标准与技术研究所（National Institute of Standards and Technology，NIST）、管理和预算办公室（Office of Management and Budget，OMB）、网络安全和基础设施安全局（Cybersecurity and Infrastructure Security Agency，CISA）等提出了要求。

2. 美国管理和预算办公室备忘录

根据美国管理和预算办公室（OMB）发布的两份备忘录（编号 22 - 18 和 23 - 16），每份备忘录都重点关注软件供应链安全，并开始推动政府的相关要求，例如对所有向美国联邦政府销售的软件供应商提出要求。政府开始自我证明是否遵循安全软件开发实践，例如 NIST 的安全软件开发框架（secure software development framework，SSDF）。备忘录还要求在某些情况下使用软件材料清单（Software Bill of Materials，SBOM），对于较高风险项目使用第三方评估服务。

3. FDA 医疗设备网络安全法规

在美国受到特别关注的一个领域是医疗设备。最新的法规来自 FDA 在《联邦食品、药品和化妆品法案（FD&C）》第 524B 条中提出的新要求，包括上市前提交医疗设备，要求记录医疗设备系统的安全风险管理活动，并指出除了漏洞评估和威胁建模等活动之外还需要实施 SBOM。

FDA 还特别关注了医疗设备中的开源软件组件的作用，以及从风险管理角度考虑的潜在风险。

4. 安全软件开发框架

虽然本身不是监管或合同要求，但 NIST 的安全软件开发框架（SSDF）是了解美国软件供应链安全必修课。

美国总统网络安全行政令明确要求 NIST 更新 SSDF，这个框架也是所有向美国联邦政府销售产品的软件供应商进行自我认证的关键框架。SSDF 利用多个现有的安全软件开发框架，例如 OWASP 的安全应用程序成熟度模型（Software Assu 无线接入网 ce Maturity Mode，SAMM）和 Synopsys 的构建安全成熟度模型（BSIMM），来交叉引用开发安全软件时应遵守的实践。

5. 国家网络安全战略——软件责任

2023 年发布的最新美国国家网络安全战略（NCS）重点关注软件供应链安全，包括呼吁"重新平衡保卫网络空间的责任"。

NCS 战略的关键主题是将焦点从客户和消费者转移到软件供应商，这也是 CISA 等机构"设计安全"计划的关键主题。NCS 的另一个重点主题是强调塑造市场力量以推动安全性和弹性，并呼吁开展诸如追究数据管理者责任和推动安全设备开发等活动，甚至引入了备受争议的"软件责任"主题。

6. 2023 年开源软件安全法案

与企业市场类似，美国联邦政府也越来越依赖开源软件。2022 年的《保护开源软件法案》认识到开源软件的重要性，并呼吁 CISA 等机构直接参与开源社区。它规定了 CISA 主任在外联和参与方面的职责，以帮助促进提高开源软件生态系统的安全性。

二、欧盟的政策

1.《欧盟网络弹性法案》

欧盟方面，受到全球关注的立法是《欧盟网络弹性法案》。这是一项影响深远且覆盖全面的立法，为包含数字元素的产品的供应商和开发商制定了共同的网络安全规则和要求。

法案涵盖硬件和软件以及任何具有"数字元素"的产品，与 GDPR 非常相似。《弹性法案》尽管是在欧盟设计的，但适用于所有在欧盟市场销售的产品，因此具有全球性的深远影响。

该法案要求网络安全成为具有数字元素的产品设计和开发的关键因素，违规行为除了会被处以行政罚款外，还可能导致产品在欧盟市场的销售受到限制。

2.《欧盟人工智能法案》

紧随《网络弹性法案》之后的是《欧盟人工智能法案》，该法案的重点是确保在欧盟市场上实施可信赖的人工智能系统的开发和使用条件。《欧盟人工智能法案》规定了各种可接受的风险级别，从"低""最低"到完全禁止某些用途，例如导致侵犯人类尊严或操纵人类行为的用途。

该法案适用于所有在欧盟投放和使用的人工智能系统和服务，因此具备全球性的影响力。被视为高风险系统的生产商需要执行各种风险管理和治理活动，并自我证明遵守该法案，违规可能会导致高达全球营业额的4%或高达数千万欧元的罚款。

三、加拿大的政策

加拿大网络安全中心（Canadian Centre for Cyber Security，CCCS）协助美国、德国、澳大利亚、加拿大等六国联合小组出版了《改变网络安全风险平衡：设计和默认安全的原则和方法》。

它还将软件供应链攻击确定为加拿大网络安全中心2023到2024年度国家网络威胁评估中的一个关键问题。CCCS还在2023年发布了《保护您的组织免受软件供应链威胁》，为使用系统软件组件的公司提供指导。

四、澳大利亚的政策

2023年3月，澳大利亚网络安全中心（Australian Cyber Security Centre，ACSC）发布了《软件开发指南》，重点关注跨软件开发生命周期和环境的各种安全控制。它还强调需要进行应用程序安全控制和测试来修复漏洞，并引用了SBOM的用例。澳大利亚还参加了"四方网络安全伙伴关系：安全软件联合原则"的国际项目。

五、中国的政策

2017年底，国家互联网应急中心发布的《开源软件代码安全缺陷分析报告》，进一步印证了软件供应链—代码层面临的诸多问题。随着信息技术的飞速发展，软件供应链安全已逐渐成为国家安全的基石。我国政府深刻认识到软件供应链安全的重要性，积极采取了一系列有力措施，以确保软件供应链的可靠性和安全性。以下将从法规制定、技术研发、国际合作、风险评估、教育培训和监督检查等方面，详细阐述我国在软件供应链安全领域的努力和成果。

在法规制定层面，我国政府高度重视软件供应链安全的法制化进程。近年来，相继出台《中华人民共和国网络安全法》《信息安全等级保护制度》等一系列法规，明确了软件供应链安全的责任主体、义务要求和违法行为的处罚措施。此外，还制定并发布了《软件供应链安全指南》等政策文件，为软件供应链的安全管理提供了具体指导和建议。这些法规的制定，为软件供应链安全提供了坚实的法律保障，确保了相关工作的有序开展。GB/T 43698—2024《网络安全技术　软件供应链安全要求》的发布为提高企业开展软件供应链风险管理，促进产品和服务的安全性和可靠性提供了有力支撑，可以推动第三方机构检测评估能力的提升与发展，对软件供应链领域安全发展具有重要意义。

在技术研发领域，我国政府不断加大对软件供应链安全技术的研发投入。通过设立专项资金、支持科研机构和企业开展合作研发等方式，我国在软件供应链安全技术领域取得了显著进展。例如，主动防御技术、入侵检测技术、数据加密技术等的研究和应用，有效提升了软件供应链的安全性。同时，政府鼓励企业加强自主研发，推动技术创新和产业升级，提升国内软件产业的核心竞争力。

在国际合作方面，我国政府积极参与全球软件供应链安全治理。通过与其他国家和地区开展合作交流，共同分享安全情报和经验，共同研究解决软件供应链安全问题的方法和措施。此外，我国还积极加入相关国际组织，参与制定软件供应链安全的国际标准和管理规范，推动全球软件供应链安全治理体系的建设和完善。

在风险评估方面，我国政府高度重视对软件供应链安全的全面风险评估。通过运用漏洞扫描、风险评估工具等技术手段，对软件供应链中的各个环节进行细致的分析和评估，及时发现潜在的安全风险和漏洞。同时，政府建立了风险评估机制，定期对企业使用的软件产品和服务进行安全评估，确保其符合国家安全标准。此外，在政府采购中，政府也加强了对软件供应链安全的要求，确保采购的软件产品和服务安全可靠。

在教育培训领域，我国政府注重提升软件供应链安全意识和技能水平。通过开展网络安全意识宣传活动、组织专业培训课程等方式，提高公众对软件供应链安全重要性的认识，增强企业和个人的安全意识和防范能力。同时，政府鼓励企业加强内部培训，增强员工的安全意识和技能水平，确保软件供应链的安全稳定运行。

在监督检查方面，我国政府建立了严格的软件供应链安全监督检查机制。通过设立专门的监管机构、制定详细的检查标准等方式，对软件供应链中的各个环节进行严格的监督检查。同时，政府鼓励企业加强自查自纠，及时发现并整改潜在的安全风险。此外，政府还建立了举报奖励机制，鼓励社会各界积极参与软件供应链安全的监督检查工作，共同维护软件供应链的安全稳定。

通过上述政策和措施的实施，我国政府有力推动了软件供应链安全的管理和实践工作。这些举措不仅有助于防范外部威胁和风险，还促进了国内软件产业的健康发展。展望未来，随着信息技术的不断进步和软件供应链的不断完善，我国将继续加强软件供应链安全工作，为国家的安全和发展提供坚实保障。

第五节　软件供应链安全保障基本要求

软件供应链是一个由多个上游与下游组织相互连接形成的网链结构，软件供应链安全指软件供应链上软件设计与开发的各个阶段中来自本身的编码过程、工具、设备或供应链上游的代码、模块和服务的安全，以及软件交付渠道安全的总和。软件供应链安全从角色角度出发包括采购方（需方）和供应商（供方）两种角色，从供需双方视角出发，软件供应链安全包括入口安全管控及出口安全管控两大环节。

软件供应链安全保障能力的构建，是从软件供应链入口及出口安全管控两大关键环节出发，围绕安全性、完整性、保密性、可用性、可控性、合规性目标，针对商用、开源及免费类型等第三方软件，从软件来源、软件安全合规、软件资产管理、服务支持、安全应急响应五个维度来进行。

一、软件供应链安全目标

相比传统供应链，软件供应链面临更多的安全风险，宜加强对软件供应链安全风险管理，重点实现安全性、完整性、保密性、可用性、可控性、合规性目标。

安全性：保障在软件供应链所有环节中，所涉及的软件产品及服务及其所包含的组件、部件、数据等满足供应商及需求方所约定的安全要求。

完整性：保障在软件供应链所有环节中，所涉及的软件产品和服务及其所包含的组件、部件、数据等不被植入、篡改、替换和伪造。

保密性：保障在软件供应链所有环节中，应保密的信息不被泄露给未授权者。

可用性：保障用户方对软件供应链的使用。一方面，确保软件供应链按照与用户方签订的协议能够正常供应，不易被人为或自然因素中断，即可供应性；另一方面，即使在软件供应链部分失效时，仍能保持连续供应且快速恢复到正常供应的能力，即弹性。

可控性：保障软件产品和服务建设方对软件产品和服务或供应链的控制能力。可控性包括供应链可追溯性，即一旦软件供应链发生问题，可以有效识别出现问题的环节、供应商、用户和组件，并可进行追溯或修复；可控性也可包括用户对供应链信息的理解或透明度、用户对自己所拥有和使用产品的控制能力、用户对使用产品和服务的选择权、产品和服务的行为与合同协议相符等。

合规性：保障在软件供应链所有环节中，所涉及的软件产品和服务及其所包含的组件、部件、数据等满足强制性地需要遵守的合规需求，以及供应商及需求方自愿选择遵守的合规需求。

二、软件类型定义

软件产品及服务按照来源及开发模式划分，可分为自研软件及第三方软件两大类，第三方软件细分为商采软件、开源软件及免费软件，商采软件又可进一步细分为供应商自主开发软件及合作开发软件。本标准将针对软件供应链中第三方软件存在的不可控因素，从供需双方视角出发，对于供应链入口及出口进行安全要求规范，针对自研自用软件，安全可控措施由软件供应链企业及组织自身负责，具体安全要求规范可参考已有行标 2021 – 0605T – YD《可信研发运营安全能力成熟度模型》，在本书中不做赘述。以下为本书中第三方软件相关定义及范围。

1. 商采软件

由软件供应商自主设计、开发或供需双方合作开发的，需求单位及组织需要付费使用的软件或为供方开发服务付费的软件。

（1）供应商自主开发软件：由供应商自主设计、开发、维护，需求单位及组织需要付费使用的软件，通常源码不公开，使用方也没有复制、修改及再发布的权利。

（2）合作开发软件：由供应商及需求方合作设计、开发，需求单位及组织需要为供方开发服务付费的软件，通常需求方可以获取源码，有复制、修改及再发布的权利。

2. 开源软件

需求单位及组织可直接获取源代码，通过开源许可协议将其复制、修改、再发布的权利向公众开放的软件。

3. 免费软件

由软件供应商设计、开发，需求单位及组织可以免费使用的软件。通常会有其他限制，如源码不一定公开，使用方也没有复制、修改及再发布的权利。

三、软件供应链安全管理制度

为了确保软件供应链的安全保障工作得以有效实施并落地，供应商以及需求方在其组织内部必须建立并遵循一套健全和详尽的软件供应链安全管理体系。该体系应涵盖明确的组织架构、管理职责、制度建设以及相应的操作规范。具体而言，该体系应包含以下关键组成部分。

首先，应设立一个专门的管理机构，这个机构负责制定和监督软件供应链安全政策，确保相关政策得到有效执行，并对整个软件供应链安全工作进行持续的监督和改进。该管理机构应由高级管理人员领导，并拥有跨部门的合作能力，以便在组织内部形成合力，共同应对软件供应链安全挑战。

其次，应制定一系列细致的制度规范，这些规范应涵盖软件供应链安全的各个方面，包括但不限于软件开发、测试、部署、维护以及更新等各个环节。这些规范的制定应参考国内外最佳实践，并结合组织的实际情况，以确保规范的可操作性和有效性。

再次，应对组织内部的相关人员进行软件供应链安全培训，确保他们充分理解并能够遵守相关的安全规范。培训内容应包括软件供应链安全的基础知识、相关的法律法规以及应对供应链安全事件的具体操作流程。

最后，建议参考 GB/T 36637—2018《信息安全技术 ICT 供应链安全风险管理指南》中 7.3.1 制度和人员管理章节的相关内容，该标准为组织提供了关于软件供应链安全管理体系的详细指南和建议，有助于组织更系统、更全面地建立和优化其软件供应链安全管理体系。

通过建立这样一个全面的软件供应链安全管理体系，供应商和需求方不仅能够提高其软件产品的安全性，还能够增强其应对潜在供应链安全威胁的能力，从而为最终用户提供更优质、更安全的服务。

四、软件供应链安全关键要素

从供需双方视角及软件类型维度出发，针对软件供应链安全保障应重点关注软件来源、软件安全、软件管理、服务支持四大类要素，以下所列关键要素覆盖上文所有软件类型，针对不同软件类型选取相关安全要素子集进行具体要求规范。

1. 软件来源

针对软件来源进行评审管理，确保软件来源安全可信。具体包括但不限于供应商资质、开源社区活跃度。

（1）供应商资质：从供应商服务水平、供应商财务状况及资金流动、供应商人员组成及流动、供应商能力评级等方面进行供应商评审管理，确保软件供应商安全可信。

（2）开源社区活跃度：从项目状态、贡献者活动、用户数量等方面衡量开源社区活跃度，确保开源软件来源安全可信。

2. 软件安全合规

针对软件自身的安全合规进行管控，确保软件自身不存在安全及合规风险。具体包括但不限于软件物料清单、软件安全要求、软件合规要求、安全测评及评审报告、安全监控防护。

（1）软件物料清单：列举所有软件组件，包括商采组件、开源组件、自研组件，以及这些组件的详细信息以及各组件间的关系，明确软件是如何构建、配置和部署。

（2）软件安全要求：明确软件应满足的基本安全要求及需求方安全要求，需求方通过测评验证，确保软件从系统架构及功能层面满足供应商及需求方约定的安全要求。

（3）软件合规要求：明确软件应遵守的强制性合规需求以及需求双方自愿遵守的合规需求。

（4）安全测评及评审报告：供应商针对软件开展安全测评，明确开源软件及软件中开源组件许可证信息及安全漏洞信息，确保软件中不存在开源许可证安全合规风险及已知的未修复安全漏洞，并输出相应的评审报告。

（5）安全监控防护：针对软件供应链所涉及的软件产品及服务及其所包含

的组件、部件、数据在使用过程中开展安全监控防护，发现漏洞及安全风险及时进行信息互通，提供修复方案并进行修复验证。

3. 软件资产管理

针对软件供应链清单、软件及源代码版本、漏洞等信息进行统一管理，具体包括但不限于供应链清单管理、版本管理、漏洞管理。

（1）供应链清单管理：建立供应链清单信息，包括软件类型、供应商信息、软件物料清单、采购时间、许可类型、许可数量、可使用版本、许可期限等内容。

（2）版本管理：针对软件、源代码及其配置项分版本进行统一管理，自研代码与第三方组件独立存放、目录隔离。

（3）漏洞管理：针对软件供应链所涉及的软件产品及服务及其所包含的组件、部件中所涵盖的漏洞进行统一管理。

4. 服务支持

明确针对软件的服务支持方式以及服务水平、安全服务协议等内容，具体包括但不限于产品及用户文档、服务水平协议、信息安全服务协议。

（1）产品及用户文档：说明软件产品功能及用户使用指导等相关信息。

（2）服务水平协议：明确软件交付方式、部署方式、维保及服务支持方式等内容。

（3）信息安全服务协议：明确保密协议、知识产权归属及软件交付安全标准，不存在安全后门等内容。

5. 安全应急响应

针对软件供应链安全事件具有明确的应急响应人员及流程机制，确保安全事件处理的及时性、有效性。

（1）应急预案：对于软件供应链安全事件应急响应机制进行说明，包括事件分类分级处理、处理时效等内容。

（2）应急响应团队：明确软件供应链安全事件应急响应处理团队。

6. 软件供应链入口安全管控

软件供应链入口的安全管控是实现软件供应链安全的关键要素之一，表 1-1 从软件供应链安全关键要素维度对于软件供应链入口安全管控进行要求规范。

表 1 - 1　软件供应链入口安全管控进行要求规范

关键要素		商采软件	
		自主开发软件	合作开发软件
软件来源	供应商资质	在选择供应商以及对其资质进行评审的过程中，采购方应根据所购产品和服务的重要程度，对供应商的资质以及其安全性能进行全面评审。这一过程需要采购方充分了解和掌握供应商的实际情况，以确保供应商能够满足采购方的需求，并保证供应链的安全稳定。同时，采购方还应关注供应商的持续发展能力、技术实力、质量管理水平等方面，以确保供应商能够长期稳定地提供优质的产品和服务	采购方在选择和评审供应商时，应重视产品和服务的信息安全。评审应涵盖供应商的业务、财务、技术、市场信誉和信息安全等方面，尤其关注其在关键领域的合规性、风险控制和安全记录。针对不同产品和服务，采购方应差异化评审，对关键领域供应商实施更严格审查。评审过程应全面公正，采用多种手段确保供应商及其开发人员的全面准确了解。评审结果应指导采购决策，并提供改进建议，促进供应链安全管理的持续改进和提升，以降低安全风险，保障信息安全和业务连续性
软件安全合规	软件物料清单	采购方应要求供应商提供完整的软件物料清单，涵盖软件产品及服务的所有组件（商采、开源、自研、免费等），包括版本、标识码、许可、漏洞、供应商及来源信息，并明确组件间依赖关系及软件构建、配置、部署信息	合作开发软件采购方与供应商需完善软件产品及服务的物料清单，涵盖组件（商采、开源、自研、免费等）详细信息、版本、标识码、许可、漏洞、供应商信息、来源，明确组件间依赖关系及软件构建、配置、部署信息

关键要素		商采软件	
		自主开发软件	合作开发软件
软件安全合规	软件安全要求	（1）采购方应明确软件产品及服务安全要求，输出安全要求列表，内容包括但不限于： 1）不使用未修复的存在安全风险隐患的组件，包括但不限于商采组件、开源组件、免费组件等； 2）不使用存在许可证安全风险的开源组件； 3）软件产品及服务不存在安全后门； 4）软件产品及服务满足基本的安全需求，包括但不限于登录鉴权、加密、安全审计等。 （2）软件产品及服务采购方应针对安全要求列表，通过人工及工具测评，验证安全要求的符合性，并输出相应报告	（1）采购方与供应商应沟通明确软件产品及服务安全要求，输出安全要求列表，内容包括但不限于： 1）合作开发人员所应遵循的安全设计及编码规范；不使用未修复的存在安全风险隐患的组件，包括但不限于商品组件、开源组件、免费组件等； 2）不使用存在许可证安全风险的开源组件； 3）软件产品及服务不存在安全后门； 4）软件产品及服务满足基本的安全需求，包括但不限于登录鉴权、加密、安全审计等。 （2）软件产品及服务采购方应针对安全要求列表，通过人工及工具测评，验证安全要求的符合性，并输出相应报告
	软件合规要求	（1）采购方需明确软件产品及服务合规要求，列出清单，涵盖个人信息保护法、网络安全法、数据安全法、行业监管法规及特定供应商/国家采购限制。 （2）采购方应基于合规要求清单，通过人工及工具测评验证合规性，并出具报告	（1）采购方与供应商沟通明确软件产品及服务合规要求，列出包括个人信息保护法、网络安全法、数据安全法、行业监管法规要求及限制从特定供应商或国家采购的合规要求列表。 （2）双方根据合规要求列表，输出合规需求，并通过设计、开发、验证等手段实现并验证这些需求

关键要素		商采软件	
		自主开发软件	合作开发软件
软件安全合规	安全测试及评审报告	采购方应要求供应商针对软件产品及服务开展安全测试，并输出相应测试及评审报告，内容包括但不限于： （1）测试覆盖范围； （2）测试执行情况； （3）漏洞发现及修复情况，包括但不限于自研组件、开源组件、商采组件； （4）未修复漏洞详情，包括但不限于自研组件、开源组件、商采组件； （5）开源组件扫描及发现详情； （6）开源许可证风险分析	采购方应要求合作开发供应商针对软件产品及服务开展安全测试，并输出相应测试及评审报告，内容包括但不限于： （1）测试覆盖范围； （2）测试执行情况； （3）漏洞发现及修复情况，包括但不限于自研组件、开源组件、商采组件； （4）未修复漏洞详情，包括但不限于自研组件、开源组件、商采组件； （5）开源组件扫描及发现详情； （6）开源许可证风险分析
	安全监控防护	（1）采购方应要求供应商针对提供的软件产品及服务建立软件供应链安全监控防护机制，对于交付的软件产品及服务在未下线之前开展安全监控与防护，发现安全风险及漏洞及时告知采购方用户，提供修复方案并进行修复验证； （2）采购方应针对交付使用的软件产品及服务建立软件供应链安全监控防护机制，发现安全风险及漏洞及时要求供应商提供修复方案并进行修复验证	采购方应针对交付使用的软件产品及服务建立软件供应链安全监控防护机制，发现安全风险及漏洞及时通知供应商，双方合作提出修复方案并进行修复验证

关键要素		商采软件	
		自主开发软件	合作开发软件
软件资产管理	供应链清单管理	软件产品及服务采购方应建立供应链清单管理机制，清单内容包括但不限于：软件产品及服务类型、供应商信息、软件物料清单信息、采购时间、许可类型、许可数量、可使用版本、许可期限	软件产品及服务采购方应建立供应链清单管理机制，清单内容包括但不限于：软件产品及服务类型、供应商信息、软件物料清单信息、采购时间、许可类型、许可数量、可使用版本、许可期限
	版本管理	采购方应分版本对于交付的软件产品及服务以及相应的配置项进行统一管理	采购方应分版本对于交付的软件产品及服务以及相应的配置项进行统一管理。
	漏洞管理	采购方应建立统一的漏洞管理平台，对于交付的软件产品及服务中所涉及的漏洞信息进行统一管理	采购方应建立统一的漏洞管理平台，对于交付的软件产品及服务中所涉及的漏洞信息进行统一管理

关键要素		免费软件
软件来源	软件来源	免费软件引入方应针对免费软件来源进行安全评审，具体内容包括但不限于：免费软件供应商、免费软件分发渠道、免费软件维护信息、免费软件更新机制
软件安全合规	软件物料清单	免费软件引入方应针对所引入的免费软件建立完整的软件物料清单，清单内容包括但不限于： （1）软件所包含的所有组件信息； （2）组件信息应包括但不限于版本信息、许可证信息、漏洞信息、组件来源信息等； （3）明确组件间依赖及包含关系； （4）明确软件构建、配置、部署相关信息

关键要素		免费软件
软件安全合规	软件安全要求	（1）免费软件引入方针对免费软件应明确安全要求，输出安全要求列表，内容包括但不限于： 1）不存在未修复的存在安全风险隐患的组件； 2）不使用存在许可证安全风险的开源组件； 3）免费软件不存在安全后门。 （2）免费软件引入方应针对安全要求列表，通过人工及工具测评，验证安全要求的符合性，并输出相应报告
	软件合规要求	（1）免费软件引入方应明确免费软件合规要求，输出合规要求列表，内容包括但不限于：《中华人民共和国个人信息保护法》《中华人民共和国网络安全法》《中华人民共和国数据安全法》以及行业监管法规要求。 （2）免费软件引入方应针对合规要求列表，通过人工及工具测评，验证合规要求的符合性，并输出相应报告
	安全监控防护	免费软件引入方应针对免费软件建立软件供应链安全监控防护机制，发现安全风险及漏洞及时替换
软件资产管理	供应链清单管理	免费软件引入方应建立供应链清单管理机制，清单内容包括但不限于：免费软件类型、来源信息、使用版本
	版本管理	免费软件引入方应建立统一的第三方软件库，针对引入的免费软件，分版本对于免费软件以及相应的配置项进行统一管理
	漏洞管理	免费软件引入方应建立统一的漏洞管理平台，对于引入的免费软件所涉及的漏洞信息进行统一管理
服务支持	产品及用户文档	免费软件引入方针对免费软件应梳理维护产品及用户文档，明确功能及用户使用指导等信息
安全应急响应	应急预案	免费软件引入方应针对免费软件供应链安全事件建立应急预案，内容包括但不限于：应急事件分级标准、应急事件处置时效、应急事件响应处置流程
	应急响应团队	免费软件引入方内部针对免费软件供应链安全事件应建立应急响应团队，明确人员职责及分工

7. 软件供应链出口安全管控

表1-2针对软件供应链安全关键要素对于软件供应链出口安全管控进行要求规范。

表1-2 软件供应链出口安全管控进行要求规范

关键要素		对外出口软件
软件来源	供应商资质	供应商具体要求参考 GB/T 36637《信息安全技术 ICT 供应链安全风险管理指南》7.3.3 供应商选择部分,包括但不限于: (1)供应商符合所在地法律法规安全要求; (2)对下级供应商、关键组件和服务的安全实行进一步核查
软件安全合规	软件物料清单	供应商应针对软件产品及服务构建完整的软件物料清单,清单内容包括但不限于: (1)软件产品及服务所包含的所有组件,包括但不限于商采组件、开源组件、自研组件、免费组件等详细信息; (2)组件信息应包括但不限于版本信息、唯一标识码、许可信息、漏洞信息、供应商信息、组件来源信息等; (3)明确组件间依赖及包含关系; (4)明确软件产品及服务构建、配置、部署相关信息
	软件安全要求	供应商应明确软件产品及服务安全要求,输出安全要求列表,具体要求参考国标 GB/T 30998《信息安全技术 软件安全保障规范》,内容包括但不限于: (1)软件产品及服务设计、开发、测试、交付、运维符合安全规范; (2)不使用未修复的存在安全风险隐患的组件,包括但不限于商采组件、开源组件、免费组件等; (3)不使用存在许可证安全风险的开源组件; (4)软件产品及服务不存在安全后门; (5)软件产品及服务满足基本的安全需求,包括但不限于登录鉴权、加密、安全审计等
	软件合规要求	(1)供应商应明确软件产品及服务合规要求,输出合规要求列表,内容包括但不限于:《中华人民共和国个人信息保护法》《中华人民共和国网络安全法》《中华人民共和国数据安全法》、行业监管法规要求,限制从特定供应商或国家采购产品及服务; (2)供应商应针对合规要求列表,梳理合规需求,通过人工及工具测评,验证合规要求的符合性,并输出相应报告

关键要素		对外出口软件
软件安全合规	安全测试及评审报告	供应商应针对安全要求列表，梳理安全需求，对软件产品及服务开展安全测试，并输出相应测试及评审报告，内容包括但不限于： （1）测试覆盖范围； （2）测试执行情况； （3）漏洞发现及修复情况，包括但不限于自研组件、开源组件、商采组件； （4）未修复漏洞详情，包括但不限于自研组件、开源组件、商采组件； （5）开源组件扫描及发现详情； （6）开源许可证风险分析
	安全监控防护	供应商针对提供的软件产品及服务建立软件供应链安全监控防护机制，对于软件产品及服务开展安全监控与防护，发现安全风险及漏洞及时告知采购方用户，提供修复方案并进行修复验证

第二章　软件供应链安全面临的挑战

　　　　　　　　　　　　　　　　　　　　　　　　　　　>>>

第一节　软件供应链安全事件

　　为了深入阐述软件供应链安全问题可能导致的严重后果，对历史上的一些软件供应链攻击事件进行详细的案例分析，可以更加直观地了解到软件供应链安全问题的严重性，以及它可能对个人、企业乃至整个社会造成的深远影响。

　　SUNBURST 后门事件于 2020 年 12 月 13 日曝光，这一攻击手段利用了广泛应用的 SolarWinds Orion IT 监控和管理套件。通过木马更新对运行 Orion 软件的服务器实施攻击，波及美国财政部和商务部，同时还影响到财富 500 强企业、电信公司、其他政府机构及大学。在这一系列攻击中，企业的主要盲区在于应用程序服务器及其软件更新路径。为了应对此类攻击，专家建议应加强对运行中的设备进行监控。报告中指出，用于指挥控制的 avsvmcloud［］com 域名早在 2020 年 2 月 26 日就已注册。与其他供应链攻击相似，SUNBURST 后门利用一段时间的休眠来规避异常行为归因于软件更新。特别值得关注的是，专用服务器也成为攻击目标。为确保安全，应对公司网络的各个层级进行主动监控。

　　开源软件的漏洞可能引发的风险更高，如 Log4Shell/Log4j 漏洞。该漏洞利用了基于 Java 的 Apache 实用程序 Log4j，允许黑客执行远程代码，包括控制服务器的能力。Log4Shell 漏洞是一个 0day 漏洞，意味着在软件供应商意识到之前就被发现了。由于该漏洞利用的是开源库的一部分，因此运行 Java 的 30 亿或更多设备中的任何一个都可能受到影响。解决 Log4Shell 漏洞及类似问题需要掌握网络中所有联网设备的完整清单，发现设备、监控 Log4Shell 活动并尽快修复受影响的设备。

　　供应链攻击的主要目的是利用供应商漏洞攻击下游目标，如勒索软件组织 REvil 劫持 Kaseya VSA 攻击。通过利用 Kaseya VSA 中的漏洞，REvil 将勒索软件发送给多达 1500 家 Kaseya VSA 客户的公司。在这种情况下，盲区在于面向互联网的设备、远程管理下的设备及托管服务提供者的通信路径。为避免类似情况，应监视托管服务提供者所使用的通道，并跟踪任何异常行为以阻止勒索软件。

Capital One 数据泄露事件暴露了云基础设施安全漏洞。该攻击中，一名亚马逊员工利用亚马逊网络服务（AWS）的内幕信息窃取了 1 亿个信用卡信息。这种攻击的主要盲区在于，企业对云服务提供商的高度信任，这也意味着如果云提供商受到威胁，企业数据可能受到风险。为应对这类攻击，应对企业服务进行行为监控，确保网络边缘安全。

自带设备（BYOD）漏洞和供应商设备也是潜在的攻击途径。2022 年 3 月，网络安全公司 Okta 披露，其供应商之一因员工笔记本电脑上提供客户服务功能而遭受破坏。每次添加其他设备时，网络上未受管理和未经批准的设备都会增加潜在的攻击面。为确保安全，需创建资产清单、限制对恶意设备的访问，并利用网络监控和行为分析阻止攻击。

Codecov 是一家提供代码测试和覆盖服务的公司，2021 年初遭遇黑客入侵。攻击者利用 Docker 镜像创建过程中的漏洞篡改了 Bash Uploader 脚本，这导致 Codecov 的 2.9 万名客户中的部分客户敏感信息被窃取，引发大量公司连锁数据泄露风险。事件发生后，Codecov 发表声明称已采取相关措施，包括撤回恶意版本、保护和修复受影响的脚本，并建议客户重设 CI 环境中的登录密码、重新生成令牌或密钥等。同时，该事件已向执法部门报告，美国警方已介入调查。此次攻击事件影响范围广泛，包括华盛顿邮报、P&G、GoDaddy Inc 等众多知名客户，Rapid7 等公司的源代码存储库也在攻击中泄漏。这一事件凸显了软件供应链安全的重要性，也为其他企业和组织敲响了网络安全的警钟。

Passwordstate 是一款常用的密码管理软件。在 2022 年，Passwordstate 遭受了严重的攻击。黑客成功攻破了 Passwordstate 的软件升级机制，利用其中的漏洞向用户推送恶意补丁。通过这一恶意补丁，黑客能够在用户的电脑中安装名为 moserware.secretsplitter 的恶意软件。该恶意软件能够在 Passwordstate 软件程序中提取用户的各种数据，包括但不限于用户的账号、密码等敏感信息，并将这些数据发送到攻击者指定的服务器中。据统计，近 3 万家企业级用户受到此次攻击的威胁，其造成的影响极为广泛。企业的重要信息和用户的隐私面临着被窃取和滥用的风险，这不仅给用户带来了巨大的损失，也对企业的正常运营和信息安全构成了严重挑战。此次事件再次凸显了软件供应链安全的脆弱性，以及对于关键软件和服务的安全保障措施的重要性。

　　每次此类攻击事件都进一步加剧了全球对软件供应链安全的关注。这些实例揭示了在云和分散化环境中管理和保护供应链安全的挑战，强化了更有力、更灵活的供应链安全策略的需求。为防止此类攻击，软件供应商、企事业单位和政府机关均需维护全面、深入的安全防御策略和应急响应计划。在面对日益复杂的网络威胁环境下，只有不断增强安全意识、加强安全防护措施，才能确保企业和国家的信息安全。

第二节　软件供应链风险典型特征

　　为了更加全面地把握软件供应链所面临的风险特征，必须首先深入分析传统供应链的风险因素。通过这种深入的理解，可以更加精确地识别出软件供应链中可能存在的风险点，从而制定出更加有效的应对策略，保障软件供应链的运行安全性和稳定性。这种分析不仅可以帮助人们在面对风险时做出更加明智的决策，还可以提高应对风险的能力，确保软件供应链在面临各种挑战时能够持续稳定地运行。因此，对传统供应链风险特征的深入剖析对于我们维护软件供应链的安全和稳定具有重要意义。

一、传统供应链典型风险特征

　　（1）供应链风险的相关性极为显著。供应链风险主要源自各个环节之间的紧密关联和相互影响。作为独立的市场主体，供应链中的每个企业都拥有自己独特的利益诉求和决策机制。由于信息的不完全性和不对称性，以及缺乏有效的监督机制，企业间往往会因为争夺有限的资源或寻求更好的经济条件而进行激烈的谈判和博弈。尽管如此，这些企业在追求自身利益的同时，也会在某种程度上进行合作，以实现单个企业无法达成的经济目标。然而，这种合作往往建立在部分信息披露和资源共享的基础之上，因此也存在一定的风险。

　　（2）供应链风险具有明显的"牛鞭效应"。在供应链中，由于节点企业之间的需求信息相对保守，往往会导致对需求信息的误解和放大。这种信息失真现象会从供应链的下游逐级向上游传递，并逐渐放大，形成所谓的"牛鞭效应"。这种效应会导致供应链中的企业在制定生产和经营计划时，无法准确把握真实的市场需求，从而导致资源的浪费和效率的降低。此外，"牛鞭效应"还会导致供应链中的库存积压和缺货现象，进一步加剧供应链的不稳定性。

（3）供应链风险具有显著的传递性。由于供应链涵盖了产品开发、生产、流通等多个环节，并由多个节点企业共同参与，因此供应链风险因素可以通过这些环节在企业之间进行传递和累积。这种传递性使得供应链中的任何一个环节出现问题，都可能对整个供应链的风险水平产生显著影响。此外，供应链中的各节点企业往往形成串联或并联的混合网络结构，使得供应链的风险传递更为复杂和难以预测。

（4）供应链风险管理的复杂性不容忽视。由于供应链是由多个合作伙伴企业组成的复杂网络，因此供应链风险管理的难度极大。这主要体现在对供应链伙伴关系和合作关系的管理、监督和控制上。随着供应链长度的增加和流程的复杂化，参与供应链的合作企业数量也会不断增加，这使得供应链风险管理变得更加复杂和艰巨。

通过对传统供应链风险的细致剖析，能够洞察到在传统的供应链模式中可能遭遇的各种潜在风险。这些风险可能涉及供应链中的任何一个环节，从原材料的采购、生产、库存管理，到产品的分销和最终交付给客户的全过程。在这个过程中，风险可能源自内部管理不善，如信息系统的故障、内部员工的失误或舞弊行为；也可能来自外部环境的变化，如供应商的稳定性、政治经济因素的波动、自然灾害等不可抗力因素。

二、软件供应链典型风险特征

将这种分析类比到软件供应链上，能够更加深刻地认识到软件供应链风险的独特性和典型特征。在软件供应链中，风险的存在同样贯穿了整个生命周期，从软件的设计、编码、测试，到部署和维护的每一个阶段。软件供应链风险的特征主要表现在以下几个关键方面：

（1）软件供应链涉及众多参与方和环节：软件供应链不仅涉及软件开发商、第三方组件供应商、软件分发渠道等核心参与方，还涵盖了从软件开发到最终用户使用的全过程。这些参与方和环节之间相互作用、相互影响，共同构成了软件供应链的风险体系。

（2）第三方组件和开源软件带来巨大风险：现代软件开发高度依赖第三方组件和开源软件，这些组件和软件往往存在未知的安全漏洞和潜在风险。攻击者可以利用这些漏洞和风险，通过篡改代码、植入恶意组件等方式入侵软件供应链，对软件的安全性造成威胁。

（3）供应链环节的不透明性增加了风险：软件供应链中的某些环节可能并

不为外界所知或透明度较低，这给攻击者提供了可乘之机。例如，软件开发过程中的第三方服务商或外包团队可能存在安全风险，但这些风险往往难以被及时发现和防范。

（4）供应链安全管理存在诸多不足：许多组织在软件供应链安全管理方面存在明显的短板。这包括缺乏对供应链参与方的有效审查和监控，缺乏对软件组件的严格验证和审计，以及缺乏应对供应链安全事件的应急计划和灵活性。这些不足都可能导致软件供应链风险的进一步加剧。

（5）跨国和跨组织挑战加剧了风险管理难度：软件供应链往往具有跨国和跨组织的特点，涉及多个国家和多个组织之间的合作与协调。这种跨国和跨组织的复杂性使得法律、标准和文化差异成为影响软件供应链风险管理的重要因素。同时，信息共享和合作机制的不完善也增加了软件供应链风险管理的难度。

因此，保护软件供应链的安全需要我们采取一种全面而细致的方法。这包括制定严密的安全策略，采用强大的防御工具和技术手段，进行定期的源码审查和漏洞扫描，以及建立应对供应链安全事件的快速响应机制。此外，我们还需要在选择和接纳新的库或依赖项时保持谨慎和警惕，以确保软件供应链的安全性和稳定性。

第三节　开源软件供应链

在当今数字化的时代，软件如同基础设施一般支撑着社会的运转，而开源软件更是在其中扮演着举足轻重的角色。开源软件供应链作为一个复杂而又关键的体系，不仅推动了技术的创新性发展，也带来了一系列的挑战和风险。

众所周知，一个软件的核心就是这个软件的代码，但是随着分享思想的盛行，不断有人公布软件的源码，所以按照代码是否被公开软件可以被划分成"开源"和"闭源"两类。自从1985年美国著名科学家理查德·马修·斯托曼（Richard Matthew Stallman，RMS）发表了著名的GNU宣言，开源软件和开源思想随着互联网的兴起得到了跨越式的发展，其性能、兼容性和界面友好性都大为改善。开源软件是通过互联网进行全球参与，协作和任务分发的一种创造性的实践活动。它表现了自发性发展模式和用户自由创新特性，具有充分共享、协同、持续演进等特点。开源软件取得了巨大的成功，为软件开发，成本和质量控制提供了新的途径。由于认识到开源软件的优势，越来越多的公司和机构参与开源运动，建立了商业混合开源项目，围绕开源软件技术和平台推广各种商业模式，促进利益相关者之间的交流，形成"开源软件生态系统"。目前，从操作系统层面到组件层面甚至包括人工智能领域，开源软件都提供了各个层面强大的支持和丰富的选择。开源软件、大数据、云计算、机器学习等新技术正引领科技的发展，这些新技术中，大部分都是开源软件。开源软件已经被广泛应用到金融、电子商务、信息安全、教育等各个行业。越来越多的新技术也走向了开源，如自动驾驶、人脸识别、语音识别、区块链、深度学习等技术。随着开源软件的使用范围变广，更多技术走向开源，开源软件数量的年增长率达到20%，开源软件的发展速度逐步加快。

与传统商业软件相比，开源软件在开发模式上呈现出积极共享、广泛协同、无偿贡献、勇于创新等新特性。世界上的各类开源社区已经达到了几十个之多，秉承开放精神的软件研究者和开发者共同学习和共享开源代码的内在精神，下一个 Linux 或 Apache 可能就此诞生。世界著名的开源软件社区有：Linux 相关技术为主的 AFUL、以项目开发为主的 Silicon Sentier、综合门户网站 Adullact 等。中国在开源社区方面的贡献越来越大，在 OpenStack、Hadoop、MySql 等类似开源项目中的开创性贡献也越来越多。借助开源社区的发展和各类开源软件分享网站上的信息，可以对各类开源软件进行评价。

Synopsys 权威发布的《2024 年开源安全和风险分析报告》显示，超过 99% 的样本代码库中融入了开源代码，其中 80% 的样本代码库以开源代码为核心构建而成。这一数据是通过对超过 1800 个商业代码库的细致分析得出的，充分表明开源已广泛深入到各个行业，而非局限于互联网领域。

开源软件供应链的规模正在以前所未有的速度迅猛扩张。Synopsys 的报告显示，在过去的两年间，Java、JavaScript、Python 以及。Net 四大主流开源生态系统共同发布了超过 800 万个新版本，并成功引入了 90 万个全新的项目。如今，这些开源社区已汇聚了超过 4500 万个不同版本的组件，生动地展现出开源软件强大的生命力。全球开源供应链的年增长率达到 25%，这一数字有力地彰显了开源软件更为强劲的增长势头，也预示着其在未来软件开发领域将拥有更为广阔的发展前景。

开源软件供应链是指开源软件从开发、分发、集成到最终使用的整个过程中所涉及的各种活动、参与者和资源的集合。它包括了开源项目的开发者、维护者、代码托管平台、分发渠道、依赖库的提供者、集成商以及最终的用户。开源软件的开发通常由一群志愿者或开源社区共同完成。这些开发者贡献代码，进行版本控制，并通过代码托管平台如 github 等进行管理。

开源软件供应链在软件开发过程中扮演着至关重要的角色，它涉及一系列复杂而精密的环节。从源代码管理到依赖管理，从编译到打包，再到分发和部署，每一个环节都凝聚着开发者的智慧和汗水。源代码管理环节，通常依赖于像 github、GitLab 等成熟的代码托管平台，这些平台为开发者提供了一个协同工作的空间，使得源代码的维护、更新和版本控制变得更为便捷高效。

在依赖管理方面，开源项目往往依赖于大量的外部库和框架，因此，有效地管理这些依赖关系显得尤为重要。各种编程语言和平台都提供了丰富的依赖管理工具，如 Java 的 Maven、JavaScript 的 npm、Python 的 pip 等，它们能够帮助开发者精确地管理项目所需的依赖，并确保项目的稳定性和可维护性。

编译和打包是软件开发中不可或缺的一步，它将源代码转化为可执行文件或库。在这个过程中，开发者需要选择合适的构建系统和工具，以确保编译的效率和质量。而发布和分发环节则是将编译好的软件包推向市场的重要步骤，开发者可以通过各种渠道将软件包分发给用户，如容器注册表、代码库等。

最后，部署和管理环节则是确保软件在用户环境中稳定运行的关键。开发者需要利用自动化工具和策略来管理软件的部署和更新，以确保用户能够享受到最新、最稳定的软件版本。

开源软件供应链带来了众多显著的优势：

（1）开源促进了创新。由于代码是公开可见的，开发者可以在现有项目的基础上进行改进和创新，避免了重复造轮子的情况。

（2）成本效益显著。企业和组织可以免费使用开源软件，降低了软件开发和运营的成本。

（3）开源软件的社区驱动模式使得问题能够得到快速地发现和解决。众多开发者的参与使得软件的质量和安全性得到了更广泛的监督和提升。

然而，在开源软件供应链的每一个环节中，都潜藏着供应链安全的风险。可能会有人利用开源项目的开放性，将恶意代码注入项目中，对项目的安全性和稳定性造成威胁。攻击者还可能通过利用漏洞来破坏编译过程，或者替换合法的软件包，以达到其非法目的。因此，保障开源软件供应链的安全性和稳定性，成为每一个开源项目和组织都需要高度重视和投入的问题。

为了确保开源软件供应链的安全，开发者和组织需要采取一系列有效的安全措施。例如，加强源代码的审查和管理，确保代码的合法性和安全性；加强依赖管理的安全控制，防止恶意依赖的引入；采用安全的编译和打包流程，确保生成的软件包不受污染；加强发布和分发的安全控制，防止软件包被篡改或替换；以及加强部署和管理的安全策略，确保软件在用户环境中的稳定运行。

　　总之。开源软件供应链的规模和影响力正在不断扩大和增强，它为全球的软件开发者和组织带来了巨大的机遇和挑战。只有通过加强供应链安全和稳定性的保障，我们才能充分发挥开源软件的潜力和优势，推动软件产业的持续发展和创新。

第四节　开源软件供应链安全常见风险

　　开源的蓬勃发展无疑为软件行业注入了新的活力，然而，随着开源生态的日益庞大，其背后潜藏的安全问题也愈发引人关注。Synopsys 所发布的《2024年开源安全和风险分析报告》显示，高达 88％的样本库存在至少一个公开的开源漏洞，相较前一年的 84％，这一比例呈现出明显的增长趋势，且近三年内持续攀升。同时，报告还指出，有 71％的样本库存在许可证冲突问题，这无疑增加了代码合规性的风险。因此，开源软件供应链的安全问题不容忽视。

一、安全漏洞风险

　　因其开放、自由、共享等特性，开源技术可以从代码托管平台、技术社区、开源机构官方网站等渠道获取，或通过合作研发、商业采购等方式引入开源代码、开源组件、开源软件和基于开源技术的云服务等。开源社区参与者广泛分布于全球各地，没有权威来收录漏洞信息，保证开源软件的质量和维护。开发人员不了解开源软件信息，缺少漏洞跟踪能力，漏洞修复时间滞后，增加了软件供应链安全治理难度。

　　从本质上来讲，开源软件并不比自定义代码更安全，与任何软件一样，它可能包含导致安全问题的漏洞。而且，大部分软件开发人员在引入第三方库的时候，并没有关注引入组件是否存在安全隐患或者缺陷，并且由于开源软件之间的关联依赖关系错综复杂，一旦开源软件存有恶意代码或病毒，将会产生蝴蝶效应，导致所有与之存在关联依赖关系的其他软件系统出现同样的漏洞，漏洞的攻击面由点及面呈现出爆炸式的放大效果，给用户带来严重危害。图 2－1为组件漏洞依赖层级传播范围显示图，相关数据表明一级组件漏洞传播影响范围扩大了 125 倍，二级传播影响范围扩大了 173 倍。

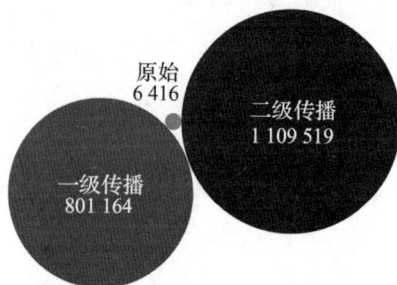

图 2 – 1　组件漏洞依赖层级传播范围

二、许可证合规和兼容风险

开源软件对用户是免费的，但并不意味着可以在不遵守其他义务的情况下使用。随着开源技术的发展，结合各自需要，开源软件一般都有对应的开源许可证（open source license），用于对软件的使用、复制、修改和再发布等进行限制。根据开放程度，常见的开源软件许可证可以大致分为宽松自由软件许可协议（permissive free software licence）和著作权许可证（copyleft license）两大类。宽松自由软件许可协议包括 MIT、Apache、BSD 等，允许用户自由复制、修改、许可和再许可代码，开源软件源代码变更或衍生软件可以变为专有软件；著作权许可证包括 GPL 许可证、MPL 许可证和 LGPL 许可证等，强制要求公开源代码变更或衍生软件开源。

Contrast Security 发布的《2023 开源安全漏洞状态报告》中相关数据表明，几乎所有（99%）的组织都至少有一个高风险的 Java 许可证，71% 的 Java 应用程序和 35% 的 Node 应用程序中至少存在一个高风险许可证，95% 的 Java 应用程序和 70% 的 Node 应用程序至少存在一个未知或可变风险的许可证。如果不了解开源软件的知识产权或未按照开源许可证使用开源软件，很可能侵犯他人知识产权，引起法律纠纷，面临重大风险。同时开源软件可能存在层层依赖关系，企业组织在使用开源过程中不断加入新的开源组件，可能存在许可证不兼容的风险。

三、云安全风险

以容器、微服务、DevOps、不可变基础设施为基础的云原生技术加快了业务响应速度，有效缩短了交付周期，降低了运营成本，然而云原生技术的发展极度加大了开源软件供应链的复杂性，为开源软件供应链带来了新技术风险和新安全组织模式的双重挑战。

其中 DevOps 和持续交付打破开发与运营之间的壁垒，实现软件开发的自动化、敏捷性，帮助组织实现了应用程序更快更可靠的大规模交付，同时开发人员出于对速度和效率的追求，经常会利用开源项目的框架进行二次开发或引用开源组件，在云环境中，这些组件常以基础镜像的方式在软件供应链里传递，并上传至镜像仓库，从而被容器所使用。若开源组件和框架中存在安全漏洞，那么镜像软件就有可能存在漏洞，镜像文件完整性被破坏，镜像文件遭受恶意配置或者更改（比如上传或者下载过程被修改，植入后门）导致容器被利用势必会引入所开发的应用中，导致大面积的风险漏洞的存在。

据 Gartner 预测，随着越来越多的企业步入云原生化的进程，更多地采用云原生应用程序和基础设施，到 2025 年，成熟经济体中 85% 的大型企业将更多地使用容器管理，远高于 2023 年的 45%。容器化的使用，使得应用部署和运行非常便利，但通过引入容器和 K8s 给软件供应链带来了更多不可控的第三方依赖，导致漏洞利用、容器逃逸、拒绝服务等风险的存在，从而将安全漏洞大面积引入到云环境中，以致威胁整个云生态。

开源软件供应链安全是一个复杂但至关重要的问题。了解常见的风险并采取有效的防范措施，对于保障软件开发和应用的安全具有重要意义。随着技术的不断发展和开源软件的广泛应用，我们需要持续关注开源软件供应链安全的新趋势和新挑战，不断完善安全策略和措施，以确保信息系统的安全稳定运行。

在未来，随着开源软件在各个领域的深入应用，如人工智能、物联网等，开源软件供应链安全的重要性将愈发凸显。我们期待着更多的技术创新和管理实践，能够为开源软件供应链安全提供更强大的保障，让开源软件在推动技术进步的同时，也能成为我们可信赖的工具。

第五节　软件供应链的漏洞类型与攻击方式

一、软件供应链的漏洞类型

由于互联网信息技术产业的高速发展和软件开发需求的急速扩增，导致软件开发的难度与复杂程度不断加大，软件开发生命周期中的每一个环节都存在引入漏洞的可能性，导致软件供应链的安全风险无处不在，非法攻击者一旦对软件供应链中的任意环节进行攻击、篡改等，都将会引起最终软件供应链安全风险的连锁反应，产生巨大的安全危害。

1. 漏洞来源类型

（1）合法供应商引入的漏洞。随着开发日益全球化，大规模的软件开发导致软件供应链发生了很大的变化，其中最重要的变化是如今的软件供应链中引入供应商这一关键环节。全球的互联网企业现如今越来越依赖成百上千的第三方供应商、承包商等外部机构的帮助来支持完成软件生产的过程。

通常一个产品的产生需要引入一个或多个第三方供应商，企业往往需要与这些供应商之间进行数据信息共享，但这些第三方供应商的安全性通常难以得到保障，使之成为软件供应链中一个薄弱的环节，给软件供应链带来前所未有的安全威胁。一个典型的通过合法供应商引入漏洞的例子是 VxWorks 所引发的安全事件。

VxWorks 是一种使用最广泛的实时操作系统，全世界范围内有超过 20 亿台设备正在使用，包括能源、航天航空等行业关键基础设施。多年前，网络安全公司 Armis 在 VxWorks 中发现了 11 个 0day 漏洞被称为 URGENT/11，其中 6 个漏洞为严重漏洞并且可以远程执行代码，5 个漏洞包含拒绝服务、信息泄露和逻辑缺陷漏洞，这些漏洞存在于 TCP/IP 网络堆栈中，允许攻击者绕过传统边界，且无须任何用户操作即可远程接管设备，包括 SCADA 设备、工业控制器、病人监护仪、MRI 机器、防火墙和打印机等关键设备。

（2）篡改或伪造组件的漏洞。通过对近年来的网络攻击行为进行深入分析发现，恶意代码的传播和扩散占据很大的比例，尤其是伪造的恶意组件，其主要特征之一是披着正规厂商"合法"的外衣，使伪造恶意代码组件在传播速度与产生的恶劣影响方面有了大幅度的提升。

伪造的组件可以使所有信任被攻击厂商证书的机构都陷入被入侵的风险，攻击者可能通过此伪造的组件绕过安全检查进而进行更大范围的攻击活动。披着"合法"外衣的伪造组件，拥有极高的隐蔽性和传播性，能在用户和开发者无感知的情况下产生巨大的安全威胁。

利用伪造的组件进行软件供应链安全攻击的典型例子之一是 SolarWinds Orion 攻击事件。攻击者在成功入侵 SolarWinds 后，将其官网提供的 Orion 软件安装包替换成植入后门的版本，获取正规厂商的证书并利用其对自身进行签名，使其披上"合法"的外衣，躲避官网对软件的安全检查，从而实现软件供应链攻击。

（3）编码过程引入的漏洞。随着软件成为日常生活中不可或缺的一部分，保证底层源代码的安全性和完整性至关重要。但开发人员在编写代码时，由于缺乏安全意识以及不良的编码习惯、实践和策略往往会引入一些安全漏洞。随着软件规模的持续扩大，功能越来越复杂，编码过程引入的安全漏洞也越来越多；开发人员为了赶研发进度，很有可能会忽视自己使用的框架库中存在的安全缺陷，从而制造出潜在的安全风险，同时开发人员往往会大量复用软件模块，将导致安全漏洞不断延续。

除此之外，开发人员在编码过程中为了后续的测试工作往往会留下一些具有高级权限的账号，而在后续的编码过程中故意或误将这些具有高级权限的账号留下，这种情况带来的软件漏洞极有可能被攻击者利用，读取软件中重要的敏感信息。

（4）开源组件引入的漏洞现代软件大多数是被"组装"出来的，而不是"开发"出来的。现在的软件开发过程类似于早期的工业生产活动，是以开源软件为基础原料，在此基础上，再结合实际的业务需求和应用场景补充添加相对独立的业务代码，最后"拼装"出一套软件系统。这种开发方式虽然在一定程度上提高了软件系统开发的效率，却并未充分考虑其使用的基础

开源组件是否安全可靠，为软件系统的安全性和可控性带来了巨大的安全挑战。随着开源技术快速形成生态，开源热度的持续升高，企业引入开源软件已成为一种趋势。Sonatype 发布的《2023 年软件供应链状况报告》中跟踪了 Java（Maven）、JavaScript（npm）、Python（PyPI）、NET（NuGet Gallery）四大开源生态系统的开源应用增长情况，2022 年至 2023 年间，开源项目的数量平均增长了 29%。随着开源组件使用的增加，风险面也在不断膨胀，使用含有已知安全漏洞的开源组件很有可能将安全缺陷引入到软件产品中，并随着软件的使用而扩散，进而对软件供应链产生巨大的安全威胁。

通过不安全的开源组件所引发的典型安全事件是开源软件 Linux 中一个被频繁使用的程序"Bash"，被发现存在安全漏洞，其对计算机用户造成的威胁可能要超过"Heartbleed"漏洞。Bash 是用于控制 Linux 计算机命令提示符的软件，黑客通过利用 Bash 中的一个漏洞，对目标计算机系统进行完全控制。Bash 漏洞的严重程度在历史上被评为 10 级，意味着它具有极大的影响力，而其利用的难度被评为"低"级，意味着攻击者可以比较容易地利用之发起网络攻击。利用这个漏洞，攻击者可能会接管计算机整个操作系统的权限，进而得

以访问机密信息，并对系统进行篡改等操作，对整个软件供应链产生巨大的安全威胁。

2. 漏洞状态类型

（1）未知的漏洞。软件供应链中未知的漏洞往往指的是 0day 漏洞，是指负责应用程序的开发人员或供应商所未知的软件缺陷，因为该漏洞未知，所以没有可以利用的补丁程序。在所有的软件漏洞中，0day 通常能够造成最大的安全风险，针对 0day 漏洞的攻击很少立即被发现，发现这些缺陷通常需要数天到数年的时间，这使得这类漏洞往往会造成十分严重的安全威胁。

随着移动互联网、互联网＋、数字经济的快速发展，信息安全变得愈发重要，0day 漏洞自然也成为攻击者首选的目标，0day 漏洞可以通过售卖或悬赏获取，而出于自身利益，买卖双方都不会将漏洞信息公开，这进一步助长了 0day 漏洞的不可知性和危害性。

（2）已知未处理的漏洞。当企业处于敏捷开发模式下时，为了提升效率节省时间成本，往往会引入大量的开源软件、第三方库和第三方供应商。在开发过程及后续软件运营的过程中，开发者会发现之前使用的开源软件或第三方供应商中存在历史漏洞，且这些漏洞中还存在部分并未发布补丁。部分企业出于时间成本的考虑，会放任这些漏洞不给予处理，这相当于埋下了一颗随时有可能被引爆的炸弹，带来安全隐患，一旦发生意外，将会产生不可挽回的影响。

出于利益考虑，攻击者往往会选择成本最低的攻击方式，攻击者会开发出各类自动化利用工具，寻找已经通过各种途径曝光的历史漏洞进行大规模的攻击行为，对攻击者而言，只要存在一定比例未进行漏洞修复的用户，那么这种攻击就是有收益可言的。因此，这种低成本、高收益的攻击往往会得到攻击者的青睐。

近些年，攻击者利用未修复的安全漏洞成功实现安全攻击的事件数不胜数，其中一个典型的通过历史漏洞进行大规模网络攻击的事件是在 2017 年，WannaCry 蠕虫通过 MS17－010 漏洞感染事件在全球范围内大爆发，全球范围内近百个国家遭到大规模的网络攻击，攻击者利用 MS17－010 漏洞，向用户机器的 445 端口发送精心设计的网络数据包，实现远程代码执行，被攻击者的电脑中大量高价值的文件被加密，同时被要求支付比特币以实现解密文件。

虽然 WannaCry 事件造成的影响正在逐渐被人们所遗忘，但 MS17－010 漏洞却一直存在于网络世界中，在 WannaCry 事件之后，又发生多起与 MS17－010 相关的安全事件，WannaMine、PowerGhost、Satan 等恶意软件均利用了历史漏洞 MS17–010 进行传播，造成十分恶劣的影响。

（3）已处理的漏洞、当软件开发者或运营者完成了发现漏洞、缓解漏洞、治理漏洞的整个过程时，漏洞便进入了已处理的状态。现代软件常见的漏洞治理方法是使用供应商提供的漏洞补丁或自有编码人员进行漏洞代码修复。

需要注意的是，在漏洞处理完成后，软件开发者或运营者应及时使用漏洞检测类工具进行全面的漏洞检测。其目的之一是验证漏洞处理方法的有效性，确认之前发现的漏洞已被实际修复。同时，需要此步骤验证软件系统中是否因为修复过程而被引入了新的漏洞。

一个实际的例子是，2016 年 9 月 OpenSSL 官方为了修补 CVE–2016–6307 低危漏洞释放出了 1.1.0a 版本补丁，但这一版本在修复 CVE–2016–6307 漏洞的同时，却同时引入了等级为严重的 CVE–2016–6309 漏洞。

二、软件供应链的攻击类型

近年来，随着软件系统安全性的不断加强，网络攻击者开始采用软件供应链攻击作为击破关键基础设施的重要突破口，从而导致软件供应链的安全风险日益增加。软件供应链攻击是指利用软件供应商与最终用户之间的信任关系，在合法软件正常传播或升级过程中，利用软件供应商的各种疏忽或漏洞，对合法软件进行劫持或篡改，从而绕过传统安全产品检查而达到非法攻击的攻击类型。

对于软件供应链攻击而言，主要可分为厂商预留后门、开发工具污染、升级劫持、捆绑下载和源代码污染五种类型（见图 2–2）。以下是根据软件供应链攻击的五种类型列举了近几年发生的典型软件供应链安全事件并进行分析。

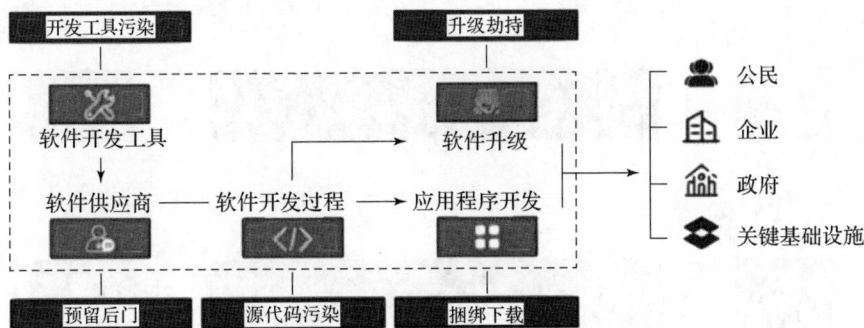

图 2–2　软件供应链攻击类型

1. 厂商预留后门

在开发过程中，多数软件厂商出于方便后续测试或技术支持，可能会预留一些具有高级权限的管理员账户，而当软件正式发布时忘记或故意留下"后门"。导致产品在发布之后被网络犯罪者所利用造成难以挽回的危害。

2. 开发工具污染

攻击者对开发者常用的代码开发编辑器进行攻击，对开发工具进行篡改以及增加恶意模块插件。当开发者进行代码开发的时候，恶意模块将在代码中植入后门，经过被污染过的开发工具编译出的测试程序，或部署到生产业务中的程序，都将被植入恶意代码。

2015 年 9 月 14 日，一例 Xcode 非官方版本恶意代码污染事件被披露，受到广泛关注，多数专业分析者称这一事件为"XcodeGhost"（见图 2-3）。Xcode 是一款由苹果公司发布的运行在操作系统 macOSXVersion 上的集成开发工具，是开发 OSX 和 iOS 应用程序的最主流的工具。攻击者利用通过官方渠道难以获取 Xcode 官方版本的情况，向非官方版本的 Xcode 注入病毒 XcodeGhost。其具体方法为修改 Xcode 软件的用于加载动态库的配置文件，在其中添加了非官方的具有恶意功能的 Framework 软件开发工具包，同时利用 Xcode 开发环境中使用的 Object-C 语言的扩展类功能这一特性重写系统应用启动时调用的函数，使得恶意代码能够随着应用的启动而自启动。多款知名的 App 受到污染，受感染的 App 被用于各种潜在的非法用途，对平台下用户隐私的安全造成了巨大的威胁。

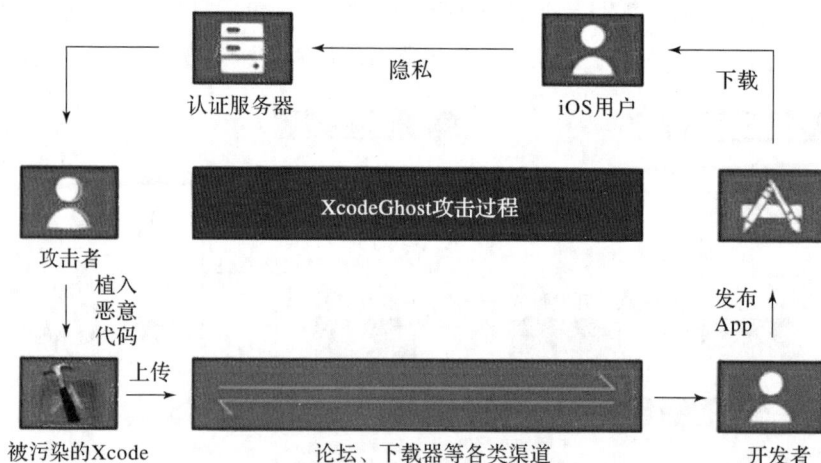

图 2-3 XcodeGhost 攻击过程

3. 升级劫持

软件产品在整个生命周期中几乎都要对自身进行更新，攻击者可以通过劫持软件更新的"渠道"，比如通过预先植入用户机器的木马病毒重定向更新下载链接、在运营商劫持下载链接、在下载过程中劫持网络流量等方式对软件升级过程进行劫持进而植入恶意代码。

2024 年 3 月 29 日，微软开发人员在 liblzma/xz 工具和动态库中发现涉及混淆恶意代码的供应链攻击。事件起于 2021 年 1 月 26 日创建的 github 账号 jiat75，该账号从 2022 年起向 xzutils 项目贡献代码，并于 2024 年 2 月 24 日在 github release 中发布了第一个包含后门的版本 5.6.0。3 月 30 日，微软工程师 Andres Freund 在排查 sshd 服务异常后发现 xz – utils 的上游 tar 包问题，并报告给 oss – security 社区，引发各大安全厂商的轮番研判。xz – utils 是 Linux、Unix 等 POSIX 兼容系统中广泛用于处理。.xz 文件的套件，其包含的 liblzma、xz 等组件已集成在 Debian、Ubuntu、CentOS 等发行版仓库中，作为一种通用的数据压缩格式，liblzma/xz 通常也会集成在各类社区项目或是商业产品发行版中。此次事件中，攻击者利用后门可在受影响的系统上绕过 SSH 远程连接的认证，直接获得系统权限并执行任意代码。

4. 捆绑下载

攻击者可轻易通过众多未授权的第三方下载站点、云服务、共享资源以及破解版软件等方式对软件进行植入恶意代码，不仅如此，就连正规的应用商城由于审核不严等多种因素也会将被攻击者植入过含有恶意代码的"正规"软件分发给用户，造成重大安全威胁。

一些非正规的软件下载网站，在提供各类软件下载时，普遍存在捆绑下载现象。用户下载一款软件，可能会同时被安装多款无关且存在安全隐患的软件，如流氓软件、恶意广告插件等，给用户的电脑带来严重的安全威胁，如导致系统漏洞增加、个人信息泄露等。

5. 源代码污染

软件产品如果在源代码级别就被攻击者植入恶意代码将难以被发现，并且这些恶意代码将在软件厂商的合法渠道下躲避对安全产品的检测，或许会长时间潜伏于用户设备中不被察觉。

2021 年 4 月，代码覆盖率工具 Codecov 的 Bash Uploader 脚本被发现遭到篡改。攻击者在其源代码中植入了恶意代码，影响了使用该工具的众多软件开发团队。这使得攻击者能够获取到开发团队的敏感信息，如代码库的访问凭证等。

第三章　电力软件供应链安全管理

>>>

第一节　电力软件供应链现状

一、传统电力供应链

电力供应链是一个高度复杂且相互关联的系统，它对于现代社会的正常运转和持续发展起着至关重要的支撑作用。从能源的源头到电能最终被用户消费，每一个环节都紧密相连，共同构成了这一庞大而精密的体系。

（一）电力供应链的组成部分

电力供应链主要包括能源供应、电力生产、电力传输、电力分配、电力存储、电力销售与服务等关键环节。

1. 能源供应

（1）传统能源发电。传统能源如煤炭、石油、天然气等化石燃料，是电力生产的重要来源。煤炭发电在许多国家和地区仍然占据较大比例，其通过燃烧煤炭产生热能，驱动蒸汽轮机转动进而发电。

（2）可再生能源发电。可再生能源包括太阳能、风能、水能、生物能等。太阳能发电通过光伏板将光能转化为电能；风能发电依靠风力涡轮机将风能转化为机械能再转化为电能；水能发电则利用水的势能推动水轮机发电；生物能发电则通过生物质的燃烧或转化来产生电能。

（3）核能发电。利用核反应堆中的核裂变反应产生热能，进而驱动蒸汽轮机发电。

2. 电力生产

（1）发电厂。包括火力发电厂、水力发电厂、核电厂、风力发电厂、太阳能发电厂等。不同类型的发电厂根据其能源特点和地理环境分布在不同的区域。

（2）发电设备。蒸汽轮机、燃气轮机、水轮机、风力涡轮机、太阳能电池板、核反应堆等设备的性能和效率直接影响着电力的生产能力和质量。

3. 电力传输

（1）输电线路。按照输送电流性质分类可分为高压交流输电线路和高压直流输电线路。高压输电能够减少电能在传输过程中的损耗，提高输电效率。

（2）变电站。变电站用于升高或降低电压，以适应不同阶段的输电和配电需求。

4. 电力分配

配电网由中压和低压线路组成，将电能分配到各个终端用户，包括工业、商业和居民用户。配电柜和配电箱用于控制和分配电能到不同的用电设备和区域。

5. 电力存储

（1）电池储能。锂离子电池、铅酸电池等用于存储电能，以应对电力需求的波动和可再生能源发电的间歇性。

（2）抽水蓄能电站。在电力低谷时，抽水蓄能电站可以将水抽到高处储存；在电力高峰时，抽水蓄能电站可以放水发电。

6. 电力销售与服务

电力供应商向用户销售电力并提供相关服务。通过电力市场机制也可优化电力资源的配置，实现电力的供需平衡。

（二）电力供应链的运作流程

电力供应链的运作是一个连续的、动态的过程，包含能源获取与准备、电力生产过程、电力传输与分配、电力存储与调节、电力销售与服务。

1. 能源获取与准备

对于化石能源，需要进行开采、运输和储存。煤炭从煤矿开采出来后，经过铁路、公路或水路运输到发电厂的煤场；天然气通过管道输送到燃气发电厂。

可再生能源则需要根据其特点进行收集和转化准备。例如，光伏板需要安装在光照充足的位置，风力涡轮机需要选址在风资源丰富的区域。

2. 电力生产过程

发电厂根据能源供应情况和电力需求，启动相应的发电设备进行发电。生产过程中需要严格控制各项参数，确保发电设备的安全稳定运行，同时提高发电效率和减少污染物排放。

3. 电力传输与分配

生产出来的电能通过升压变电站升高电压，然后通过输电线路传输到远方。在传输过程中，电力系统的调度中心实时监控电网的运行状态，进行电力的调配和优化。到达用电地区后，通过降压变电站将电压降低，再通过配电网络分配到各个用户。

4. 电力存储与调节

当电力供应大于需求时，多余的电能可以存储到电池或抽水蓄能电站中。在电力需求高峰或电力供应不足时，存储的电能可以释放出来，补充电力供应。

5. 电力销售与服务

电力供应商根据用户的需求和用电量，向用户销售电能。同时，为用户提供电力设备的安装、维护、故障抢修等服务，保障用户的正常用电。

（三）电力供应链中的关键技术

1. 智能电网技术

智能电网技术可以实现对电力系统的实时监测、分析和控制，提高电网的运行效率和可靠性。支持分布式能源的接入和管理，促进可再生能源的大规模应用。

2. 储能技术

储能技术可以不断提高电池的能量密度、循环寿命和安全性，降低成本。研究和发展新型储能技术，如超级电容器、液流电池等。

3. 特高压输电技术

特高压输电技术能够实现远距离、大容量的电力输送，减少输电损耗。促进能源在更大范围内的优化配置。

4. 电力电子技术

电力电子技术在电力变换、控制和调节方面发挥重要作用，如变频器、整流器等。提高电力系统的稳定性和电能质量。

（四）电力供应链面临的挑战

1. 能源供应的不确定性

化石能源的储量有限，开采成本逐渐增加，且价格波动较大。可再生能源的发电受天气和季节等自然因素影响，具有间歇性和不稳定性。例如，在无风或阴雨天气，风力发电和太阳能发电的输出会大幅减少。

2. 电力需求的增长

随着经济的发展和人口的增加，电力需求持续增长，对电力供应链的供应能力提出了更高的要求。新兴产业和技术的发展，如电动汽车、数据中心等，也带来了新的电力需求增长点。

3. 环境和可持续发展要求

电力供应链需要向更加清洁、低碳和可持续的方向发展，提高能源利用效率。

4. 技术创新和升级

为了适应能源结构的变化和电力需求的增长，电力供应链需要不断进行技术创新和设备升级。

5. 电网安全和可靠性

自然灾害、人为破坏、网络攻击等因素都可能威胁电网的安全和可靠性。保障电网的稳定运行，防范和应对各类风险是电力供应链面临的重要任务。

（五）电力供应链的未来发展趋势

1. 可再生能源的主导地位

随着技术的进步和成本的降低，可再生能源在电力供应中的比例将不断提高。分布式能源的广泛应用，如家庭太阳能发电和小型风力发电，将使电力供应更加多样化和本地化。

2. 能源存储技术的突破

更高效、更经济的能源存储技术将得到广泛应用，解决可再生能源的间歇性问题，提高电力系统的灵活性和稳定性。

3. 智能电网的全面发展

实现电网的智能化管理和控制，优化电力资源的配置，提高能源利用效率。促进电力与其他能源系统的融合，如与热力、燃气系统的协同运行。

4. 电力市场化改革和完善

建立更加公平、开放和有效的电力市场机制，促进竞争，提高电力供应的质量和效率。

5. 国际合作与能源互联

在全球范围内加强能源合作，实现电力的跨国传输和互联，优化能源资源的配置。

总之，电力供应链是一个关系到国计民生的重要领域，其发展和优化对于保障能源安全、推动经济增长、实现可持续发展具有重要意义。面对各种挑战和机遇，不断创新和改进电力供应链的各个环节，将是未来电力行业发展的关键任务。

二、电力软件供应链

电力软件供应链是指在电力行业中，与电力软件相关的产品和服务从最初的设计开发，到生产制造、销售配送，再到最终用户使用和维护的全过程中，所涉及的各个环节和相关主体形成的一个复杂的网络结构。它包括了软件的需求分析、设计规划、编码实现、测试验证、发布部署、销售与营销、售后支持与维护等多个环节。

在当今数字化时代，电力行业机构也越来越依赖软件系统来支持其核心业务和运营。这些软件系统包括商用软件、自主开发的应用程序、第三方组件和开源软件等。然而，随着软件规模和复杂性的增加，以及不断增长的网络安全威胁，保护软件资产的安全、可靠性和完整性变得尤为重要。

软件资产除了商用软件、自研代码，还包括开源软件，当前软件供应链开源化，导致影响软件全供应链的各个环节都不可避免受到开源应用的影响。尤其是开源应用的安全性问题，将直接影响采用开源应用的相应软件供应链的安全。上述开源应用中存在的众多安全问题，导致软件供应链的安全隐患大大增加，安全形势更加严峻。

软件资产是电力行业机构的核心资产之一，包含了机构的知识产权和商业机密。通过对软件资产进行盘点，可以确保知识产权的保护，防止未经授权的复制、使用或泄露。除了开源应用开发者因疏忽导致的开源应用安全缺陷，还可能存在具有非法目的的开发者故意预留的开源应用安全缺陷，甚至还有恶意攻击者伪造的含有隐藏性恶意功能的异常行为代码被故意上传到上游开源代码托管平台，实施定向软件供应链攻击。

由于开源软件和开源代码的广泛使用，电力软件供应链面临如下几个方面的问题：

（1）专门针对软件供应链安全的管理制度和体系不够完善。由于开源软件的生产、更新、维护、发布等一系列流程有别于其他成熟商业软件，有必要独立针对其制定特定的安全管理制度。对于信息系统的研发过程、上线过程、运行过程，电力企业均有对应的安全管理制度和规范进行约束，但是这些规范和制度主要体现在信息系统研发设计以及运行本身的管理，对于开源软件的研发安全和运行安全的要求，未做明确的说明，没有建立明确的开源软件安全管理体系。由于开源软件的特殊性，针对开源软件研发安全自查方案、开源软件运行安全保障和闭环管理制度以及开源软件安全监测的指标体系方面都不够完善，所以急需通过对软件供应链安全的制度和体系建设，进一步提升软件研发安全的管理水平。

（2）在研发信息系统过程中，缺乏识别开源软件和其安全威胁的手段。在研发设计信息系统阶段，由于缺乏开源软件研发识别工具、安全检查工具、开源软件信息知识库及风险特征库，如果开发者没有对使用的开源软件进行安全审查，直接使用了含有漏洞的开源软件，就会威胁到信息系统研发安全，将漏洞带入信息系统中。当这些存在漏洞的信息系统上线后，还会进一步威胁到运行安全，埋下导致信息安全事件的隐患。这些安全隐患大部分难以被及时发现和修复，导致开源软件的漏洞对信息系统形成持续性安全威胁。另外，开源软件的漏洞和风险是动态变化的，企业有必要对开源软件资产盘查资产清单，从而应对未来突发的开源组件风险。因此，急需通过技术手段对混源软件中开源成分的进行识别，对开源软件的使用进行把控；有必要通过研究开源项目安全的整体情况，结合有效的检测工具，对软件供应链安全威胁做到有效防范与管控。

（3）电力企业在运信息系统的开源成分清单尚不清楚，开源软件威胁情报应急响应服务体系尚未建立。目前，国内对于软件供应链安全的整体认知和管控相对落后，理论研究和实际工程成果匮乏。同时，软件供应链的安全性判断是动态变化的，在研发阶段认为安全的开源软件，可能存在未被发现的漏洞。当在软件运行阶段，开源软件被发现新漏洞后，若不能及时修复漏洞，软件的运行安全就受到开源软件漏洞威胁。电力行业目前对于软件安全的检测主要停留在代码规范、网络及风险漏洞等方面，对于开源软件安全情况的认知都存在不足。由于缺少在运信息系统的成分清单，因此难以支撑企业信息系统的开源软件运行安全的持续监测工作。同时，由于针对开源软件的威胁情报应急响应服务体系尚未建立，难以第一时间获取开源软件漏洞情报，不能及时修复安全漏洞，排除软件供应链安全风险。

电力软件供应链是保障电力行业数字化转型的关键纽带，其稳定、高效和安全对于电力系统的运行和发展具有重要意义。面对技术快速更新、安全风险加剧、供应链复杂多变和人才短缺等挑战，电力企业应采取积极有效的应对策略，加强技术研发创新、强化安全管理、优化供应链管理、加强人才培养引进，以推动电力软件供应链的持续发展。展望未来，电力软件供应链将朝着智能化、开放协同、绿色可持续和国际化的方向迈进，为电力行业的高质量发展提供更强大的支撑。

第二节　电力软件供应链安全管理要点

电力软件供应链安全管理是一项涉及众多细节、环节和层面的细致工作，其复杂性在于需要协调和整合多方资源和因素，以确保电力软件的供应链能够持续、稳定、安全地运作。以下要点是构建一个健全、高效的电力软件供应链安全管理体系的基础。

一、供应链透明度的重要性

对于电力软件供应链的深入洞察和精准把握，其重要性不言而喻，它扮演着至关重要的角色。这种理解不仅仅要求我们清晰地识别出直接的供应商，更需要我们从更深层次、更广阔的视角去研究和探索其上游的供应链体系以及软件从诞生到成型的全过程。在这个过程中，需要对每一个环节，每一个细节都有深入地了解和掌握。

此外，还必须对供应商的安全实践有全面而详尽的了解，包括他们的安全策略，他们在面对安全威胁时的应对措施，以及他们如何预防和处理可能出现的安全问题。这些都是必须了解和掌握的内容。

只有这样，才能确保电力软件供应链的稳定和安全，有效地预防和应对可能出现的风险和威胁。因此，对于电力软件供应链的深入理解，是保障电力软件供应链安全，确保电力系统稳定运行的重要手段和工具。

二、对风险评估的全方位考量

在针对电力软件供应链的各个环节进行风险评估时，必须采取全面深入的方式，确保评估的范围和深度足够覆盖所有可能的风险点。这包括但不限于对供应商的安全性进行严格审查，确保其提供的产品或服务不会对电力软件的安全性构成威胁；对软件本身的安全性进行细致评估，以识别和防范潜在的安全漏洞；以及对供应链内可能存在的其他风险点进行排查，例如物流风险、人为错误风险等。只有这样全方位、多层次的风险评估，才能确保电力软件供应链的稳定性和安全性，从而保障电力系统的正常运行和长远发展。

三、安全标准与策略的构建

为了确保电力软件供应链的稳固与可靠，需要建立并实施一套全面而深入的电力软件供应链安全标准与策略体系。这个体系应当包括但不限于：①针对供应商的安全策略，这是确保供应链上游的安全的关键，需要对供应商的安全能力进行严格的评估和监控；②软件开发的安全策略，这是确保软件产品本身安全的核心，需要在软件开发的全过程中实施严格的安全措施；③软件供应链其他环节的安全策略，这些环节包括软件的测试、部署、维护等，每一个环节都需要有相应的安全措施来保障软件的安全运行。

四、持续监控与审计的必要性

为了确保电力软件供应链的安全性，需要对其进行持续的监控与审计。这样可以保证安全标准与策略得到有效执行，从而降低潜在的安全风险。此外，持续的监控与审计还可以帮助我们及时发现潜在的安全问题，使我们能够迅速采取措施应对，从而最大限度地减少安全威胁对电力软件供应链的影响。因此，对电力软件供应链实施持续的监控与审计流程是至关重要的。

五、制定全面的应急响应计划

必须制定一份全面而详尽的应急响应计划，其目的是确保在一旦发生影响电力软件供应链的安全事件时，我们能够立即启动该计划，从而以迅速、高效的方式进行应对和处理。该计划应涵盖各种可能的安全事件情景，并针对每一种情景制定相应的应对措施。同时，该计划还应明确各个相关部门和人员的职责和任务，确保在应急响应过程中能够迅速、有序地展开工作。此外，还应定期对应急响应计划进行审查和更新，以适应不断变化的安全威胁和应对需求。

六、加强供应商管理

为了确保电力软件的质量和安全性，需要与供应商建立长期稳定的合作关系。在这个基础上，将对供应商实施更为严格的管理。这不仅包括定期进行安全审计，以确保供应商在软件开发和维护过程中符合安全要求，还包括对电力软件供应商的安全实践进行全面的评估。通过这种方式，可以确保供应商提供的软件产品和服务能够满足电力企业的安全需求，从而为电力企业的业务提供更加稳定和可靠的支持。同时，这也有助于提升供应商的安全意识和服务质量，从而实现双方的共同发展和提升。

七、员工培训与意识提升

为了加强软件供应链的安全，需要对员工进行更为严格的软件供应链安全教育。通过一系列专业的培训课程，以提高员工在软件供应链安全方面的意识。通过这些培训，让每位员工都能深刻理解到软件供应链安全的重要性，从而在日常工作中有更高的警觉性，更好地防范可能出现的安全问题。只有当每位员工都将软件供应链安全视为自己工作的一部分，软件供应链才能更加安全可靠。

八、对法规遵从的严谨性

企业必须对所有相关的法律法规及行业标准进行全面的理解和严格地遵守，这些法律法规和标准包括但不限于数据保护法规、信息安全法规以及行业特定的安全标准。这意味着，需要对所有相关的法律法规和行业标准进行深入的研究和理解，以确保企业行为和决策符合这些法规和标准的要求。同时，需要对这些法规和标准进行持续的更新和维护，以确保企业内部的规范要求始终与最新的法律法规和行业标准相符合。此外，还需要对这些法规和标准进行定期的审查和评估，以确保企业的遵守行为始终具有高度的严谨性和准确性。

以上所提及的仅仅是一些基本的要点，在真正实施电力软件供应链的安全管理过程中，可能需要依据实际情况作出相应的调整以及补充。因为每个电力软件供应链的运作模式、所面临的威胁以及潜在的安全风险都有其特殊性，所以必须对预先设定的安全管理策略进行细致的审视和适配。这包括但不限于对供应链各环节的深入分析，识别其中的薄弱环节，以及根据不同环节的特点制定针对性的安全措施。同时，还应考虑到外部环境的变化，例如法律法规的更新、技术的发展趋势以及黑客攻击手段的演变等，都需要安全管理策略能够灵活调整以适应这些变化。总的来说，电力软件供应链的安全管理是一个动态的过程，需要不断地评估、优化和更新，以确保电力系统的稳定运行和数据的安全。

第三节 电力软件供应链安全组织管理

电力软件供应链安全组织管理是确保电力行业中软件供应链的安全性、可靠性和稳定性的关键环节。它涉及对整个供应链中各个环节的风险评估、策略制定、流程优化以及资源调配等方面的统筹规划和协调执行。电力行业软件供应链的安全组织管理有自己的要求和特点，对各单位的要求具体包括机构管理、制度管理、人员管理、供应商管理、知识产权管理。

一、机构管理

由于当前国内电力企业组织机构复杂，各省市的电力公司在信息系统层面的基础不同。为了确保软件供应链的安全稳定，各单位应结合自身的实际情况明确自身软件供应链安全管理的组织架构和职责分工，保证相关职责得到有效落实，并且确保负责人员配置充足。在此基础上，各单位需要提供必要的资源支持，包括资金、资产以及权限等方面，为软件供应链安全管理的顺畅执行提供保障。

此外，各单位还应积极开展软件供应链实体要素的识别工作，这是软件供应链安全管理的基础。由于电力软件供应链除了常规的 Web 应用系统外，随着新型电力系统的发展，还存在着大量的物联网端的信息系统，所以在识别要素时需要关注这一特点。同时，要关注供应关系和供应活动的安全风险，及时识别并妥善处理可能出现的安全问题，防止安全风险的发生。在此基础上，构建和管理软件成分清单，这是掌握组织软件供应链安全风险的重要手段。

同时，各单位应不断提升软件供应链安全能力，包括但不限于供应关系管理、软件供应链实体要素识别、软件供应链风险识别、响应及防范等方面。通过提升这些能力，可以有效提高单位的软件供应链安全保障水平。

对于关键信息基础设施运营者等重要组织和场景，更应重视软件供应链安全管理。建议各单位设立专职的软件供应链管理机构，根据上述要求，全面开展软件供应链安全管理工作，确保软件供应链的安全稳定。

二、制度管理

各单位必须构建一个健全的软件供应链安全管理体系，在这个体系中，需要清晰地阐述软件供应链安全的总体方向、安全规章制度以及实施策略。这包括但不限于对软件供应链安全进行有效的监督、管理以及定期检查，并且需要根据实际情况对其进行及时的修订和更新。同时，组织机构应该出台一套针对软件供应关系的全面安全管理政策，这应该包含对于自主开发软件、现货市场软件，以及定制化开发软件等不同类型供应关系的风险管理措施、操作流程或者机制。尤其是针对电力行业核心的一些信息系统如营销业务系统、负荷控制系统等需要给予针对性的关注。

除此之外，还应该制定有关软件供应活动的安全管理政策，这涉及软件的采购、交付、运维等环节，包括对这些环节中可能出现的风险进行管理的相关措施、操作流程或者机制。为了更好地管理参与软件供应链的各类人员，各个单位应该制定出一套包括人员权限、能力、资质、背景、技能培训等方面的管理政策或者机制。

此外，各单位还应该建立一套包括专利、软件著作权、许可协议等方面的知识产权管理制度，并且需要明确不同等级安全事件的报告、处理和响应流程和机制，规定安全事件现场处理、事件报告和后期恢复等相关要求。对于那些具有重要地位的组织或者场景，例如关键信息基础设施的运营者等，各单位应该制定出全流程的软件供应链安全管理政策，这个政策需要覆盖软件供应链的所有供应活动。

三、人员管理

各单位应当明确界定软件供应链安全保障人员的具体职责以及他们需要具备的专业技能，这包括但不限于软件资产的识别和分析、确保软件完整性的保护措施以及对软件漏洞和后门进行深入分析的风险管理技能。针对一些涉及电力专业知识的信息系统，相关人员还需要具备一定的电力专业知识，必要时还需要有相关的证书进行证明。在明确职责的同时，还应当对软件供应链中涉及的各项供应活动参与人员的职责进行明确划分，设定不同的权限级别，并制定出一套完整的操作规范以及操作日志记录机制。

为了进一步提升软件供应链的安全防护水平，各个组织应当定期举办软件供应链安全相关的培训活动，确保培训内容能够全面覆盖软件资产识别分析、完整性保护、软件漏洞和后门分析等风险管理技能，以及操作规范和日志记录等方面。

对于一些特殊的组织或场景，例如关键信息基础设施的运营者等，各个单位更应当考虑配置专业的软件供应链安全保障团队。这个团队的安全保障人员需要具备全方位的防范软件供应链安全威胁的能力，这包括软件供应链的恢复、未知安全漏洞的深入分析，以及软件持续供应能力的评估等多个方面。这样的安全保障团队，能够为组织提供更加专业和全面的安全保障服务，确保软件供应链的安全稳定。

四、供应商管理

各单位在制定供应商选择策略和制度时应考虑的多个方面。首先，各单位应对提供自主研发软件、定制研发软件、现货软件等产品的供应商进行全面评估。这包括但不限于对供应商的背景、能力、资质进行审查，以及对其能否持续安全地提供产品或服务进行评估。目的是建立一个合格的供应目录，并定期对目录进行更新和维护，以确保供应商的持续合规性。

其次，各单位在选择供应商时应优先考虑供应目录中符合条件的供应商，以确保供应过程的合规性和安全性。同时，当供应关系发生变更时，各单位应对变更带来的安全风险进行评估，并采取相应的风险控制措施，以保障供应链的稳定和安全。

此外，各单位还应要求供应商保证软件供应链上传递的供应信息的真实性、准确性和完整性，并采取相应措施保护信息不被篡改和泄露。同时，各单位应要求供应商配合开展软件供应链安全监督和检查，以确保供应链的安全和稳定。

对于涉及第三方机构的测试评估等内容，各单位应明确第三方机构的能力、资质等要求，以确保评估的准确性和可靠性。由于电力行业的特殊性，在选择供应商时对于重要场景，如关键信息基础设施运营者等，各单位宜建立供应商替代方案，以防范软件供应链中断风险，确保业务的连续性和稳定性。

五、知识产权管理

首先，要确保在软件的开发和使用过程中，必须规避所有可能因知识产权问题而引发的潜在法律风险。这意味着，在进行软件开发和使用的过程中，需要对知识产权有足够的认识和尊重，防止因侵犯他人知识产权而产生法律纠纷。

其次，各单位需要对所使用的软件产品和服务有充分的了解，尤其是对其知识产权部分。对于自主研制的软件产品，各单位更应进行规范的管理，以防止任何侵权行为的发生。

此外，各单位还应要求其供应商提供能够满足业务持续稳定运行时限需求的软件产品或服务使用授权。这些授权可能包括许可证、产品序列号、开源许可协议等多种形式。

最后，由于电力行业的特殊性，对于一些重要的场景，例如关键信息基础设施运营者等，各单位更有必要对所使用的软件产品或服务相关的国内外知识产权情况进行详细的识别和分析。在此基础上，各单位还应建立相关的预案，以应对可能出现的知识产权风险。

第四节　软件供应链安全治理标准化建设

电网下的软件供应链安全治理标准化建设是指在电网系统中，由各单位总部统筹建立一套符合国家和行业要求的软件供应链安全标准体系，规范软件供应链的安全管理和技术实践，提高软件供应链的安全性能和可信度，各网省公司及其他直属单位参照执行。电网下的软件供应链安全治理标准化建设可以从以下几个方面进行。

一、制定软件供应链安全策略和规划

明确软件供应链安全的目标、范围、责任、资源和措施，制定软件供应链安全的发展规划和路线图，建立软件供应链安全的治理架构和组织机制，形成软件供应链安全的顶层设计。

1. 目标和范围

明确软件供应链安全的目标，例如确保软件交付的完整性、防止恶意软件注入、保护关键数据等。确定安全策略的范围，包括涉及的软件供应商、交付环节和系统组件等。

2. 责任和资源分配

明确软件供应链安全的责任分工，涉及各个参与方的职责和义务，包括电网系统运营商、软件供应商、安全团队等。确保每个参与方明确其在软件供应链安全中的角色和职责。同时，确保为软件供应链安全提供足够的人力、技术和经费资源。

3. 措施和技术要求

制定具体的安全措施和技术要求，以确保软件供应链的安全性。这可能包括但不限于：①实施供应商审查和评估流程，确保供应商具备必要的安全管理和技术实力；②建立合适的供应链安全合同和协议，明确安全要求和义务；③实施安全开发和测试流程，包括安全编码实践、漏洞扫描和安全测试等；④建立安全漏洞修复和升级机制，确保软件的及时修复和更新；⑤推动信息共享和合作，与供应商、其他运营商和行业机构共享安全情报和最佳实践。

4. 发展规划和路线图

制定软件供应链安全的发展规划和路线图，明确关键的里程碑和目标。该规划可以包括逐步实施安全措施、提升供应商安全能力、加强安全意识培训等。

5. 治理架构和组织机制

建立软件供应链安全的治理架构和组织机制，确保策略和规划的有效实施。该架构可以包括安全委员会、安全治理团队等，负责制定政策、监督执行、协调合作等。

6. 顶层设计

形成软件供应链安全的顶层设计，确保整个系统的一致性和协同性。这可能包括与其他安全标准和框架的对齐，确保软件供应链安全与整体安全策略的一致性。

二、建立软件供应链安全标准体系

参考国内外相关标准和规范，结合电网系统的特点和需求，制定适用于电网系统的软件供应链安全标准体系，涵盖软件供应链的组织管理、技术管理、业务管理、监督管理等方面，实现软件供应链安全标准的统一和规范。

1. 标准体系结构

制定软件供应链安全标准体系的结构和框架，确保标准的层次性、一致性和可操作性。该结构可以包括组织管理标准、技术管理标准、业务管理标准、监督管理标准。

组织管理标准：涵盖安全策略和规划、责任分工、资源管理、人员培训等。

技术管理标准：包括软件开发和测试流程、漏洞修复和升级、安全编码规范、安全测试方法等。

业务管理标准：考虑软件交付和维护过程中的安全要求，包括供应商选择和评估、合同管理、安全事件响应等。

监督管理标准：建立监督和审计机制，包括供应商监督、安全评估和审查、合规性监督等。

2. 参考国内外标准

参考国内外相关的软件供应链安全标准和规范，例如 ISO/IEC 27036 - 3：2013 信息技术。安全技术。供应商关系的信息安全。第 3 部分：信息和通信技术供应链安全指南等，结合电网系统的特点和需求，重点是结合当前新型电力系统的要求，进行针对性的调整和补充。

3. 安全要求

在标准体系中明确软件供应链的安全要求，包括但不限于供应商安全要求、交付环节安全要求、数据安全要求、漏洞管理要求。

供应商安全要求：确保供应商具备安全管理能力、技术实力和合规性，包括供应商评估、合同要求、安全测试等。

交付环节安全要求：确保软件交付过程的安全性，包括软件完整性验证、数字签名、防止恶意软件注入等。

数据安全要求：保护关键数据的安全性，包括数据加密、访问控制、数据备份和灾备等。

漏洞管理要求：建立漏洞修复和升级机制，及时响应漏洞威胁，确保软件的安全性。

4. 测量和评估

建立标准体系中的测量和评估机制，用于评估软件供应链安全的合规性和效果，包括定期内部审计、外部审核和安全评估，确保软件供应链的安全标准得到有效执行和持续改进。

5. 更新和改进

建立标准体系的更新和改进机制，根据技术发展和安全风险变化，及时修订和完善标准内容，确保标准与时俱进。

三、实施软件供应链安全评估和认证

根据软件供应链安全标准体系，建立软件供应链安全评估和认证机制，对电网系统中使用的软件产品、服务和供应商进行定期或不定期的安全评估和认证，检验其是否符合软件供应链安全要求，发现并消除潜在的安全风险。

1. 设定评估和认证目标

明确软件供应链安全评估和认证的目标和范围。确定需要评估和认证的软件产品、服务和供应商，并明确安全要求和评估准则。

2. 安全评估准备

与被评估的软件供应商进行沟通，明确评估的目的、范围和要求。提供评估所需的相关信息和文档，包括安全策略、合同协议、安全测试报告等。

3. 安全评估执行

评估机构根据软件供应链安全标准体系的要求，进行安全评估活动。这可能包括供应商审查、安全测试、合规性检查。

供应商审查：评估供应商的安全管理能力、技术实力和合规性。

安全测试：对软件产品进行安全漏洞扫描、安全性能测试等。

合规性检查：核查供应商是否符合安全合同和协议的要求。

4. 安全认证

根据评估结果，评估机构对通过安全评估的软件产品、服务或供应商进行认证。发放安全认证证书或标识，以确认其符合软件供应链安全标准要求。

5. 安全风险管理

根据评估结果识别和分析潜在的安全风险，并与供应商共同制定风险应对措施和改进计划。确保及时消除或减轻安全风险，提高软件供应链的安全性。

6. 定期审查和更新

定期对已评估和认证的软件产品、服务和供应商进行审查，确保其持续符合软件供应链安全标准要求。根据技术发展和安全风险变化，及时更新评估和认证准则。检验其是否符合软件供应链安全要求，发现并消除潜在的安全风险。

第五节　软件开发全生命周期安全风险治理

软件开发生命周期安全风险治理主要指网省公司和研发单位在软件开发过程中，从需求设计、开发测试、发布运营、下线停用等环节进行全流程的闭环安全风险监控及安全管理，确保从软件生命周期的源头保障软件供应链安全，进行实现开发运营的安全闭环。

一、完善需求分析阶段的安全质量要求

需求分析阶段，提出需求的网省公司应考虑安全，实现安全左移，安全团队宣贯安全评估流程，提出安全质量要求，引导输出安全需求，帮助研发单位人员增强其安全意识和安全能力，以保障业务安全。主要内容包括：①安全需

求分析，包括安全合规需求以及安全功能需求；②安全设计原则；③确定安全标准，规范安全要求，满足业务机密性、完整性和可用性需求；④攻击面分析，分析系统各个模块可能会受到的攻击；⑤威胁建模，确定安全目标、确定威胁列表，进行漏洞储备；⑥安全隐私需求设计知识库，构建安全需求知识分享平台，根据安全需求，得出安全设计解决方案。

二、健全开发测试阶段的代码安全审查机制

为了尽可能避免软件上线前存在安全风险，研发单位需要在开发及测试过程中进行全面的代码安全审查，主要内容包括：①安全编码，建立安全编码规范，帮助开发人员避免引入安全漏洞问题；②管理开源及第三方组件安全风险，选用第三方组件时评估其风险级别，对第三方组件进行安全检查，提出解决风险方案；③变更管理，对变更操作进行统一管理；④代码安全审查，制定安全审查方法和审核机制，确定代码安全审查工具；⑤开源及第三方组件确认，确认第三方组件的安全性、一致性，根据许可证信息考虑法律风险，根据安全漏洞信息考虑安全风险；⑥配置审计，制定配置审计机制，包括配置项与安全需求的一致性，配置项信息的完备性等；⑦安全隐私测试，基于安全隐私需求设计测试用例并进行验证；⑧漏洞扫描；⑨模糊测试；⑩渗透测试。

三、确保安全运营阶段的软件安全交付

发布阶段确保可以交付安全的软件产品，主要内容包括：①发布管理，电力公司须制定相应的安全发布流程与规范，包括对发布操作的权限管控机制，发布流程的监控机制、告警机制等；②安全性检查，研发单位应进行安全漏洞扫描，以及校验数字签名的完整性等；③事件响应计划，研发单位应制定事件响应计划，包括安全事件应急响应流程，安全负责人与联系方式等。

运营阶段电力公司和研发单位应保障软件产品可以稳定运行，主要内容包括：①安全监控，制定运营阶段安全监控机制，构建统一的软件供应链安全治理平台，持续监控并上报；②安全运营，定期进行常规安全检查与改进，如发现潜在安全风险则应及时告警，根据漏洞信息、业务场景等智能化推荐安全解决方案，保证全生命周期安全；③风险评估，制定和实施安全风险评估计划，定期进行安全测试与评估；④应急响应，制定明确的应急事件响应流程，具备专门的应急响应安全团队，对于应急事件进行全流程跟踪、可视化展示、自动化处理、及时复盘形成知识库、量化风险指标；⑤升级与变更管理，制定明确

的升级与变更操作制度流程、权限管控机制、审批授权机制等，确保升级变更操作有明确的操作信息记录，与版本系统信息保持一致；⑥服务与技术支持，有明确的服务与技术支持方式，对监管部门、运营商、用户等提出的问题进行反馈和及时响应，并对反馈问题进行系统性分类整理，确保安全问题的及时响应；⑦运营反馈，定期收集运营过程中的安全问题，通过反馈平台统一收集、分类、全流程跟踪、解决、复盘等，以优化研发运营全流程。

四、停用下线系统的数据安全

软件生命周期是指软件从概念形成、设计、开发、测试、部署、运行、维护到最终报废或停止使用的整个过程。在这个过程中，软件开发生命周期安全风险治理是一个至关重要的环节，必须全面考虑并确保软件在各个阶段的安全性，从而实现研发和运营的安全闭环。

特别是在软件停用下线的阶段，需要提供满足电力公司需求的更新软件，以保证电力公司在软件停用下线后的使用过程中能够顺利进行，确保业务的连续性和稳定性。此外，在软件停用下线后，还需要采取一系列措施来保护电力公司的隐私和数据安全。

这包括但不限于制定详细的服务下线方案和计划，明确隐私保护的合规方案以及确保数据留存符合最小化原则。这些措施的目的是最大限度地保护网省公司的利益，防止因软件停用下线而可能引发的安全风险，确保网省公司的隐私和数据安全得到充分保护。

总的来说，软件生命周期安全风险治理是一个全方位、全过程的工作，要充分认识到软件停用下线阶段的重要性，采取有效措施，确保软件的安全性，从而为电力公司提供安全、稳定、可靠的软件服务。

第四章　电力软件供应链安全检测

>>>

第一节　软件物料清单

根据美国国家电信和信息化管理局（National Telecommunications and Information Administration，NTIA）的定义：软件物料清单（software bill of materials，SBOM）是一份信息详尽、机器可读的形式化清单，其中囊括了软件所有组件的详尽信息及它们之间的层级关系。

SBOM 是一个结构化列表，其中包含了软件基本信息、软件间的关系和软件其他信息这三类成分。如表 4 - 1 所示。

表 4 - 1　SBOM 数据字段表

类别	项目	解释
软件基本信息	作者信息	创建组件 SBOM 数据的实体信息
	时间戳	SBOM 最后一次更新的日期和时间
	供应商名称	创建、定义和识别组件的实体名称，也可以为其标识符
	组件名称	由原始供应商定义的软件单元名称
	组件版本	供应商用于标识软件版本变化的信息
	组件哈希值	用于标识组件文件的唯一性
	唯一标识符	CPE、URL（PURL）、UU ID、SWHID 和组件哈希值
软件间信息	依赖关系	用于描述软件包含上游组件的关系，例如：includes
	包含关系	如源代码与编译后二进制的包含关系，发布容器镜像与二进制的包含关系等
	其他关系	其他关联关系

类别	项目	解释
软件其他信息	软件知识产权信息	包括开源许可证版权与开放标准、第三方授权信息等
	关联漏洞信息	漏洞信息，如对应 CVE、CNVD、CNNVD 等
	备注	

　　SBOM 的生成和交付需要符合相应标准的数据结构。目前，业界公认的三种主流 SBOM 格式标准分别是 SPDX、CycloneDX 和 SWID。这些标准通常采用 XML 或 JSON 等机器可读的格式，以便在不同的系统和工具之间进行交换和处理。

　　（1）SPDX 格式。SPDX 格式是由 Linux 基金会赞助的 SPDX 项目编写的开放标准，用于识别和编目与软件相关的组件、许可证、版权、安全参考和其他元数据。SPDX 使用一种标准化的、机器可读的格式，使其在不同的公司和行业之间保持一致，适合提供软件供应链、组件和依赖关系的大图。支持包括 YAML、JSON、RDF/XML、tag:value 等多种文件类型。

　　（2）CycloneDX 格式。CycloneDX 格式是一种轻量级的标准，专为应用安全和供应链组件分析而设计，专注于提供快速、可靠的软件组件信息，而不是提供信息详尽的元数据。这使得 CycloneDX 在处理大型、复杂的软件项目时具有较高的性能。

　　（3）SWID 格式。SWID 格式是一种用于标识和描述软件实体的 XML 标准格式。它是为了提供对软件产品的准确和一致的信息而设计的。SWID 支持四种类型的标签，分别是 corpus、primary、patch 和 supplemental，用于在软件开发生命周期中表示不同的软件状态和信息，可以用于软件部署、配置管理、软件资产管理、安全漏洞评估等场景。

　　美国国家电信和信息化管理局认证了这三种格式，并要求向美国联邦政府销售软件的组织必须以这三种格式之一提供 SBOM。其中，SPDX 作为唯一被写入 ISO 国际标准的格式，被各个国家广泛使用。

　　SBOM 的概念源自制造业，其中物料清单是详细说明产品中包含的所有项目的清单。例如在汽车行业，制造商会为每辆车维护一份详细的材料清单。此 SBOM 列出了原始设备制造商自己制造的零件和第三方供应商的零件。当发现有缺陷的部件时，汽车制造商可以准确地知道哪些车辆受到影响，并可以通知车主维修或更换。

同样，构建软件的企业也需要维护准确、最新的 SBOM，其中包括第三方和开源组件的清单，以确保其代码质量高、合规且安全。企业通过要求软件供应商提供 SBOM，以发现潜在的安全和许可证问题，或者应用程序是否使用过时的库版本。当发现此类问题时，管理员可以要求供应商使用较新版本重建应用程序，在等待更新的软件期间，安全人员有机会采取临时缓解措施来保护应用程序免受攻击者利用该漏洞进行攻击，还可以帮助安全人员在漏洞被披露或核心库发布新版本时，对应用程序和代码进行抽查以避免出现安全问题。

SCA 工具作为当下开源软件治理和软件供应链安全管理的重要工具之一，生成 SBOM 是其重要核心功能之一，为后续各阶段的安全工作提供必备的基础信息，SCA 工具生产 SBOM 可分为扫描软件、识别组件、收集组件信息、生成 SBOM 数据、验证和优化 SBOM、输出和交付 SBOM 6 个步骤。

（1）扫描软件。SCA 工具会对目标软件进行扫描，扫描过程会涉及软件的源代码、二进制文件、容器镜像等不同层面。SCA 工具会分析这些文件，以识别和提取其中的组件信息。

（2）识别组件。扫描完成后，SCA 工具会识别出软件中包含的所有组件。这些组件可能包括开源库、框架、插件等。SCA 工具会使用不同的技术和算法，如文件哈希、模式匹配等，来准确识别这些组件。

（3）收集组件信息。一旦组件被识别出来，SCA 工具会开始收集这些组件的相关信息。这包括组件的名称、版本号、供应商、许可证类型等。这些信息对于生成完整和准确的 SBOM 至关重要。

（4）生成 SBOM 数据。SCA 工具会将生成的数据与知识库进行匹配对比，与此同时，根据用户所选的 SBOM 格式标准（如 SPDX、CycloneDX、SWID 等）生成相应的 SBOM 结构，将比对后的数据填入相应字段。

（5）验证和优化 SBOM。在生成 SBOM 后，SCA 工具可能会进行一些验证和优化操作。验证可以包括检查 SBOM 的格式是否正确、组件信息是否完整、依赖关系是否准确等。优化则是对 SBOM 进行进一步的调整和改进，以提高其质量和可用性。

（6）输出和交付 SBOM。SCA 工具会将生成的 SBOM 输出为机器可读的格式（如 XML、JSON 等），并交付给需要的相关方（软件开发团队、安全团队、合规性检查团队等），可以使用 SBOM 进行供应链安全管理、软件资产管理、风险评估、漏洞修复、安全事件响应等工作。

现代软件是使用第三方组件组装而成的，它们以复杂而独特的方式黏合在一起，并与原始代码集成以实现企业所需要的功能。在现代多层供应链中，单个软件可能有成百上千的供应商，从原材料来源到最终组装系统的全套供应商中找出某一组件的来源需要花费大量的时间和精力。因此，为所有组件构建详细准确的 SBOM，可以帮助企业跟踪当前运行的程序、源代码、构建依赖项、子组件等所依赖组件的使用情况，检测软件组件是否存在已知的安全漏洞或功能漏洞。

SBOM 有助于揭示整个软件供应链中的漏洞与弱点，提高软件供应链的透明度，减轻软件供应链攻击的威胁。通过使用 SBOM 可以帮助企业进行漏洞管理、应急响应、资产管理、许可证和授权管理、知识产权管理、合规性管理、基线建立和配置管理等（见图 4 – 1）。

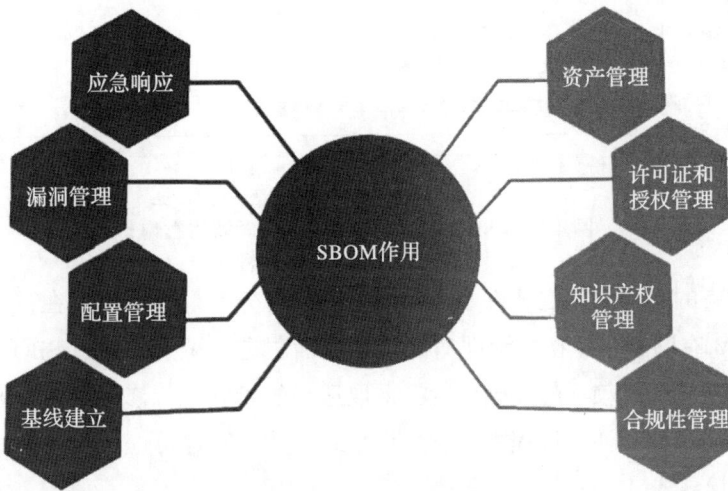

图 4 – 1   SBOM 作用展示图

通过自动化创建 SBOM，可以在漏洞披露时及时地进行响应排查以及快速的安全修复，最小化软件供应链的安全风险；在开源组件和版本快速迭代的情况下，从风险管理的角度跟踪和持续监测闭源组件和开源组件的安全态势；同时 SBOM 列举了管理开源组件的许可证，可以保护企业免受不当使用相关的法律或知识产权的风险，保护应用程序在软件供应链中的合规性，避免将已知缺陷传递到软件供应链的下游。

SBOM 的使用可以为软件供应链的漏洞治理节省大量时间。及时性对于企业在漏洞修复时是非常重要的。以往，企业在修复已部署系统的漏洞缺陷时往往需要几个月甚至是数年的时间，其重要原因之一是企业无法在漏洞出现的第一时间知晓该信息。软件供应链下游的企业需要等待上游软件供应商完成软件补丁，才可以进行漏洞修复，在等待的时间内，下游企业往往会面临无法预知的安全风险。而构建详细准确的SBOM则可以避免这一现象的发生，允许所有利益相关者在漏洞发现时立即开始评估漏洞，并开始制定相关的补救措施。图4-2说明了SBOM对漏洞风险治理时间的影响。

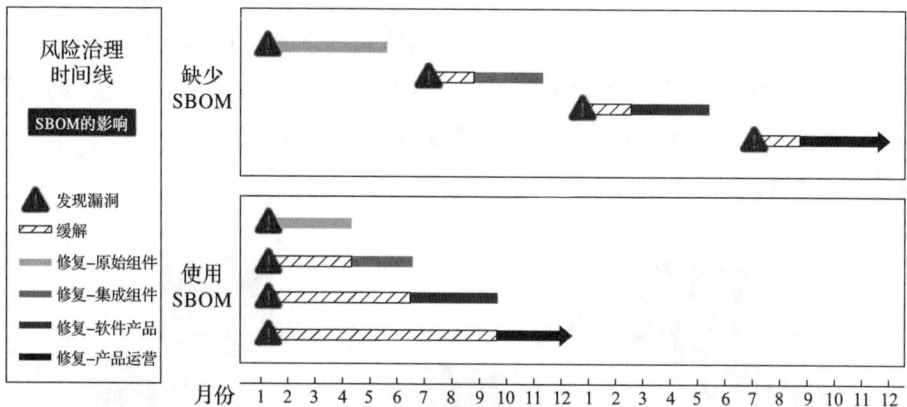

图4-2　SBOM对漏洞风险治理时间的影响

受感染的开源组件在软件中未被修复的每一分钟都会增加潜在被利用的风险，SBOM有助于企业在漏洞披露的早期对漏洞进行识别，通过SBOM提供受感染开源组件和依赖项的准确位置，采取适当的步骤进行修改，为企业在风险分析、漏洞管理和补救过程中节省数百小时至数月的时间。

第二节　电力软件供应链安全检测概述

一、检测目的

电力软件供应链安全检测（以下简称供应链检测）的目的是通过检测分析电力软件（含软硬件结合设备）源代码中代码成分的构成情况、第三方代码成分对应的已知安全漏洞信息、第三方代码带来的软件许可证风险信息，从而提高对软件项目构成成分与安全风险信息的掌握，规避电力软件供应链安全风险。

二、检测场景

供应链检测可以划分为自主检测和第三方检测两大类。

自主检测主要由供应商独立进行，其目的是通过检测环节提升软件的安全性，及时发现潜在的风险，从而预防安全问题的发生。在进行自主检测时，可以参考相关的指南，根据实际情况对流程进行适当的调整，例如可以省略签署保密协议、项目背景调研、熟悉代码、检测入场、信息调研等环节。电力软件供应链中由于还存在大量的软硬结合的设备，全面的自主检测过程中往往存在困难，所以一般涉及硬件安全的相关检测由硬件提供商开展，供应商主要开展的是软硬结合部分和软件自身功能安全的检测。

第三方检测是由专业的第三方检测机构进行的，这类检测通常具有较高的专业性，部分情况下可能还具有一定的强制性。因此，建议在进行第三方检测时，严格遵循相关指南的流程。第三方检测前需要做一些准备工作，如签署保密协议、进行项目背景调研、熟悉代码、检测入场、信息调研等。为了确保检测工作的顺利进行，这些准备工作应该提前完成。

另外，第三方检测涉及许多外部因素，因此在进行检测之前，应该提前通知项目成员，以便他们了解检测的进度和结果，降低因检测工作导致项目延期风险。在项目代码发生重要变更之后，应根据实际情况重新进行检测，以确保软件的安全性不受影响。总的来说，无论是自主检测还是第三方检测，都是为了确保软件供应链的安全，提升软件产品的质量，从而为用户提供更安全、更可靠的软件产品。

三、检测人员

在执行检测任务的过程中，检测人员应当严格遵循一定的操作流程，该流程包括检测准备、检测实施以及反馈跟踪三个主要阶段。在检测准备阶段，检测人员需要对即将进行的检测工作进行全面细致的规划，确保所需资源和工具准备充足，同时对检测的目标和标准有清晰的认识。在检测实施阶段，检测人员要根据之前的准备，对代码进行系统的分析和检查，运用专业的知识和技能，识别代码中的潜在问题和不足。在反馈跟踪阶段，检测人员需要对检测结果进行详尽的记录和分析，确保问题得到有效的跟踪和解决。

为了能够高效准确地完成上述检测任务，检测人员应当具备扎实的代码安全与软件测试方面的专业知识。这不仅包括对软件开发流程和编程语言的深入理解，还应熟悉各种开源成分及其在软件中的应用。此外，安全检测工具的使用也是检测人员的必备技能，通过这些工具可以辅助检测人员更快速、更准确地发现代码中的安全漏洞和性能问题。

除此之外，检测人员还需要具备良好的职业素质，尤其是能够客观反映代码问题。这意味着在面对复杂或困难的情况时，检测人员需要保持公正和专业的态度，不隐瞒、不夸大，以事实为依据，以确保检测结果的准确性和可靠性。

最后，对于项目代码的保密性，检测人员必须遵守相关的法律法规和公司政策，对所有检测的项目代码进行严格保密。这不仅是对客户信任的尊重，也是维护公司声誉和避免知识产权纠纷的必要措施。检测人员应认识到自己在保密方面的重要责任，并采取一切必要措施来确保代码的安全。

四、检测内容

为了确保检测工作的有序进行，首要任务是制定一套全面而细致的检测条款，这套条款将成为检测过程的行动指南。这些检测条款的制定需要考虑到被检测对象的具体特性和它所适用的特定场景，以确保条款的适用性和准确性。这意味着，对于不同的检测对象和应用环境，检测条款可能会有所调整和优化，以适应各种复杂的检测需求。

在检测内容方面，应确保覆盖面广泛，深入且全面。这包括但不限于对产品或服务的成分信息进行详尽的检测，以确保其成分的准确性和合规性；对系统中可能存在的漏洞信息进行彻底的扫描和识别，以保障系统的安全性和稳定性；以及对许可证信息的严格审查，确保所有使用的技术和软件都符合相关的法律法规要求。这些检测条款的制定和执行，将有助于提高检测的效率和质量，确保检测结果的准确性和可信度。

五、检测方法

供应链检测过程包括工具扫描和人工核实两个步骤，实现对待测用例的逐一检测，所有检测条款均检测完毕并输出检测结果则视为检测完成。检测条款应根据项目实际情况进行调整，以提高检测质量。

由于供应链检测需要海量第三方代码数据知识库做支撑，因此需要借助工具检测。同时，工具检测结果存在一定误报现象，需要人工参与审核。软件供应链安全检测应将人工核实与工具检测相结合进行检测工作，形成检测报告。

对于检测工具的检测结果中的误报问题，由检测人员进行人工审核。

检测实施前应制定合理的检测实施计划，检测实施过程中应严格按照检测实施计划进行检测工作，并制定人员分工方案。

供应链检测是对软件开发和分发过程中涉及的所有环节进行系统化的安全评估和验证的过程。它的目的是让开发者、运维人员、审计人员和其他相关人员清楚地知道在软件从源代码编译打包到用户手中的整个过程中，所做的安全处理措施以及对可能的威胁采取的预防措施。

供应链检测的主要组成部分有源代码审计、依赖库分析、构建与部署环节审查、二进制/代码分析、敏感数据处理审查、更新与补丁检测、应急响应机制，这些组成部分是确保软件安全性和完整性的关键环节，应对这些环节进行严格把控，以保障软件产品的质量和用户的信息安全。

（1）源代码审计。对软件的源代码进行深入的检查和分析，目的是识别出可能存在的安全问题。这包括检查代码中可能存在的编程错误，以及可能被恶意利用的漏洞。通过对源代码的细致审查，可以及时发现并修复这些问题，从而提高软件的安全性。

（2）依赖库分析。对软件所依赖的库、组件和其他软件进行详细分析，包括检查它们的版本信息，了解它们是否存在已知的安全问题，或者是否来自不可信或安全性未知的源。通过对依赖库的全面分析，可以确保软件所依赖的组件是安全可靠的。

（3）构建与部署环节审查。对软件的构建、测试和部署流程进行深入的审查，以确保这些流程中包含了必要的安全措施，防止被恶意攻击者利用。通过对这些环节的审查，可以确保软件在发布前经过了严格的安全检查。

（4）二进制/代码分析。对编译生成的应用进行深入的分析，以检查是否在生成过程中引入了额外的、不应存在的代码或者行为。这是对源代码审计的重要补充，可以帮助发现可能被忽视的安全问题。

（5）敏感数据处理审查。对软件处理敏感信息的方式进行审查，例如用户数据和配置信息。确保这些敏感信息在处理过程中采取了适当的安全措施，如加密和保护，以防止数据泄露或被恶意利用。

（6）更新与补丁检测。对软件的更新和补丁机制进行检测，以避免这些机制被恶意攻击者利用作为入侵系统的破绽。确保更新和补丁的安全性，是维护软件供应链安全的重要环节。

（7）应急响应机制。即使供应链安全措施再充分，也难免会出现意外。因此，制定应急响应计划是至关重要的。这样，在供应链被入侵或出现其他安全问题时，可以及时采取应对措施，减轻损失，并尽快恢复系统的正常运行。

供应链检测应该是一个持续不断的过程，对于软件的每个版本，都应该执行上述的检测步骤。这样可以确保软件在整个生命周期内都保持高标准的安全性和完整性，从而保护用户的利益和企业的声誉。

第三节　软件供应链安全检测过程

检测过程中应按照检测准备、检测实施、检测报告、结果处置四个阶段依次进行。检测准备阶段应进行签署保密协议、项目背景调研、熟悉代码、检测条款制定、检测环境准备等工作；检测实施阶段应进行检测入场、信息调研、工具检测、人工核实等工作；检测报告阶段应进行检测结果的总结、陈述和建议等工作；结果处置阶段由项目开发人员对检测出的问题进行修复，修复完成后应对更改的代码进行再次检测（回归测试），直到问题被彻底解决（对于暂时无法修复的风险问题，可采取其他方法进行风险规避或接受）。供应链检测流程如图 4 - 3 所示。

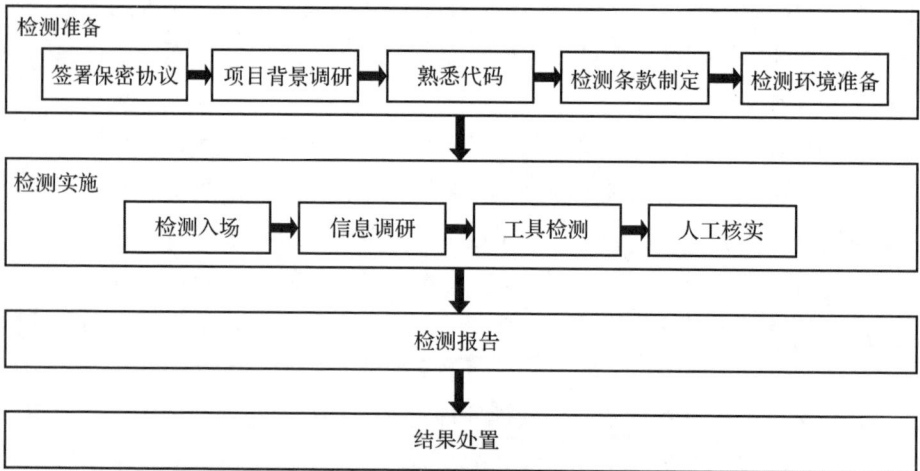

图 4 - 3　软件供应链安全检测流程

一、检测准备

1. 签署保密协议

为有效保密检测方提供的项目代码，防止项目代码泄露或公开揭露，签订保密协议。明确责任，约束义务方，保护源代码与知识产权，减少因项目代码泄露为双方造成的损失。

2. 项目背景调研

通过项目成员访谈等方式，了解项目代码的使用场景、目标客户、项目内容、开发规范、已知的开源成分等。从而为误报排查和人工核实提供参考依据。

3. 熟悉代码

通过与项目成员沟通和阅读代码，了解项目基础结构、代码规范、项目架构等。

4. 检测条款制定

通过明确检测目的、背景调研、熟悉代码等工作，定义开源检测关键内容，制定开源检测检测条款

5. 检测环境准备

软件供应链安全检测应在封闭的网络环境或内网环境开展工作。参与检测工作的服务器、计算机、笔记本以及其他软硬件设备等不能与外部网络互联，以确保软件源代码安全，防范源代码泄露风险。

二、检测实施

1. 检测入场

检测人员和项目成员应于检测实施前进行检测入场工作。由检测人员对检测的检测目标、检测方法、检测过程进行介绍。由项目成员对项目状态、项目团队构成、项目背景、项目功能结构等进行介绍。

2. 信息调研

通过项目成员访谈等方式获得项目代码、项目文档，以及其他项目相关信息。了解项目代码业务逻辑。调研了解项目的已知开源成分引用情况。

3. 工具检测

根据检测条款内容，可借助工具实现高效检测，并形成清晰的检测的。

4. 人工核实

工具检测完成后，由人工对工具检测的结果一一进行核实，对于工具检测的误报与漏报结果应予以记录。

三、检测报告

组织和主持一个检测实施评审会议，在会议中向项目团队成员详细介绍初

步的检测成果，同时邀请项目成员对检测中出现的偏差进行详细解释和说明，并提供相关的附加信息。在评审会议结束后，根据收到的评审意见对检测结果进行必要的调整，并据此编制出最终的检测报告。

该检测报告应当包含对检测过程的整体概述、提出的改进建议，以及检测的最终结论等关键信息，并且需要对可能存在的安全风险进行高、中、低三个级别的分类描述。在检测结论部分，需要对每一条检测条款的执行结果进行详细的描述。此外，检测报告还必须清晰地列出在检测过程中所使用的工具及其版本号，以便于其他相关人员对检测过程进行理解和验证。

四、结果处置

项目的参与者应对检测出的各类问题采取相应的处理措施。在面对那些可以得到修正的风险性问题时，应当详细记录代码的更改情况以及相应的解释说明，并将其归档保存。这样做可以确保将来有需要时能够追溯和复查。在代码经过修改后，应当再次对其进行检测，并且重新编制一份检测报告。这样做是为了验证所识别的问题是否已经得到妥善解决，确保代码质量符合既定的标准。

在遇到那些暂时无法解决的风险问题时，应当详细记录无法修复的原因，并提供解释说明。这不仅有助于团队成员了解问题的背景，也有助于管理层做出相应的决策。同时，可以考虑采取其他的风险规避策略，如调整项目计划、优化资源分配或更改技术路径等，以确保项目能够继续前进，减少潜在的风险影响。

对于那些未能及时修复的风险，项目团队应当实施持续的风险监控措施。这意味着要定期跟踪风险的发展态势，评估其对项目的影响程度，并适时调整应对策略。通过持续的风险监督，团队可以确保风险始终处于可控范围内，及时发现新的风险点，从而保障项目的顺利进行。总之，无论是通过修正问题、采取替代方案还是进行风险监控，目的都是为了确保项目能够按计划推进，最终实现项目目标。

第四节　电力软件供应链安全检测要点

电力软件供应链安全检测的主要目标是为了保证电力软件在整个生命周期中，从最初的源代码的编写到最终的交付使用以及运行维护，都能够处于一种

尽可能安全和可控制的状态。为了达到这个目标，需要关注的重要检测要点有源代码审计、

一、源代码审计

源代码审计是软件供应链安全检测的重要环节，也是确保软件安全的第一道防线。它包括对现有代码库的深入审查，以及对新编写代码的实时监控和评估。这种审计的目的是精确地识别出可能隐藏在代码中的任何安全隐患，比如编程过程中的内在缺陷、未来可能被利用的代码漏洞等。通过对源代码进行细致的审查，可以及时发现并修复一些常见但极具破坏性的安全问题，如缓冲区溢出、SQL注入、跨站脚本攻击（XSS）等。

以一个国网电子商城为例，如果在其源代码中，对用户提交的数据缺乏必要的验证和清洗，就极有可能引入SQL注入的安全风险。这样的漏洞一旦被攻击者发现和利用，他们就可能通过构造特定的恶意数据，从而实现对数据库中敏感信息的非法读取或修改，给网站以及用户带来严重的损失。因此，进行彻底的源代码审计，对于预防此类安全威胁，保障软件系统的安全稳定运行至关重要。

二、依赖库分析

在这一部分的检测要点中，我们重点关注对所有引入的外部和内部库、组件以及其他依赖项的严格审查。这不仅包括检测其中是否存在任何已知的、与这些依赖项相关联的安全问题，还要确保这些依赖项是否来源于可信的渠道，以及它们是否能够及时得到更新。

以一个移动应用为例，如果对其使用的某个第三方库进行深入分析，发现其中存在严重的安全漏洞，那么这就可能成为一个重大的安全隐患。更糟糕的是，如果这个第三方库长时间未被更新，那么攻击者就有可能利用这个漏洞，通过各种手段窃取用户的个人数据。这样的后果是非常严重的，不仅会对用户造成损失，同时也会对应用的声誉和开发者带来极大的负面影响。

因此，在进行移动应用或其他软件的开发过程中，必须对外部和内部库、组件以及其他依赖项进行严格的审核，确保其来源可靠，及时更新，并尽可能地避免存在已知的安全问题。只有这样，才能保证软件的安全性，保护用户的隐私和数据安全。

三、代码构建与部署安全性审查

为了保障软件开发过程中的安全性和可靠性，构建环境的安全监控与审计是至关重要的环节。在理想的操作模式下，构建环境应当被置于严密的监控之下，并且所有活动都需要经过详细的审计记录，这样可以最大限度地减少潜在的安全风险，确保软件产品在构建过程中不会被恶意代码所污染。例如，假设构建服务器存在安全漏洞，这可能会给攻击者提供可乘之机，他们能够利用这些漏洞获取服务器的访问权限。一旦得手，攻击者就有可能在软件构建的过程中悄悄植入恶意代码。这样的恶意代码可能会在软件产品最终部署到用户环境中后，引发各种安全漏洞和风险，对用户的数据安全和个人隐私造成严重威胁。因此，对构建环境进行严格的监控和审计，是防止此类安全事件发生的第一道防线。通过这种方式，可以及时发现并修补安全漏洞，确保构建过程的纯净和安全，从而在软件发布之前，将潜在的安全隐患降到最低。

四、二进制/代码分析

对于已经编译完成的二进制代码来说，进行彻底的安全性审查是必不可少的步骤。这项工作的重要性不言而喻，它的主要目的是挖掘出潜在的安全漏洞，确保最终产品的安全性和可靠性。在这个过程中，我们需要对代码进行深入的检查，以发现可能存在的任何问题。

此外，还需要确保在最终的产品中没有包含任何额外的、不应该存在的代码。这些代码可能是由于某种原因被意外或恶意地添加进去的，如果这些代码被允许存在，可能会引发各种问题，包括但不限于系统崩溃、数据泄露甚至被黑客利用进行恶意攻击。

同样，还需要确保最终的产品中没有包含任何异常行为。这些异常行为可能是由于代码中的错误或者设计上的缺陷导致的，它们可能会导致软件的行为变得不可预测，从而给用户带来困扰，甚至可能对用户的利益造成损害。

以证券交易平台为例，如果在对其二进制代码进行安全检查时，发现了未知的代码片段，这可能意味着该软件已经被恶意篡改。这种篡改可能会危及金融交易的安全性，从而对用户的财产安全构成威胁。因此，一旦发现这种情况，我们必须立即采取措施，修复这些问题，以确保软件的安全性和可靠性。

总的来说，对编译后的二进制代码进行全面的安全检查，是确保软件产品安全可靠的重要手段。只有通过这样的检查，我们才能发现并修复可能存在的安全漏洞，确保最终产品的质量和用户的利益。

五、敏感数据保护检查

在当今信息化时代，对于含有敏感信息的数据，如用户的个人信息、加密的密钥、关键的配置信息等，在进行处理、存储及传输的过程中，进行严格的安全评估是至关重要的。这不仅是一个简单的安全措施，而是确保信息安全、维护用户信任的基本要求。必须采取包括但不限于数据加密、访问控制、安全审计等多种措施，以保障数据在整个生命周期内的安全。

如果在数据传输的过程中，客户的记录没有被正确地加密处理，那么它们就有可能被黑客或其他未授权的第三方截获，从而导致客户的个人隐私信息泄露。这种隐私泄露不仅会对客户造成伤害，还可能引发法律责任和信任危机。因此，对于此类平台的运营者来说，采取适当的安全措施，确保敏感数据的安全，是他们的首要任务。

六、补丁和更新管理

深入地分析软件的更新以及补丁管理机制，对于保障网络安全而言，是至关重要的一个环节。需要确保这些机制能够有效地抵御潜在攻击者的利用企图。例如，在软件的更新过程中，如果缺乏必要的身份验证和完整性校验措施，攻击者就有可能伪装成合法的更新来源，进而推送恶意的更新内容。这种情况一旦发生，不仅可能导致软件功能出现异常，还可能对系统安全造成严重威胁。因此，必须对软件的更新和补丁管理机制进行严格的审查和测试，以确保其具有足够的安全性和可靠性。同时，还应定期对系统进行安全评估，以便及时发现并修复潜在的安全漏洞，从而确保系统的安全稳定运行。

七、应急响应计划

拥有一个清晰、明确且切实可行的应急响应计划是极其重要的。在当今数字化时代，软件供应链面临着越来越多的威胁和风险，因此，拥有一份完善的应急响应计划对于确保业务连续性和保护用户利益至关重要。当软件供应链出现威胁或风险时，团队应当清楚地知道如何迅速且有效地采取行动，以确保最小化损失和影响。

例如，在遭遇大规模的数据泄露事件时，应急响应计划应明确规定如何通知用户，包括通知的时间、方式和内容，以确保用户能够及时采取措施保护自己的利益。同时，应急响应计划还应明确采取何种补救措施，例如加强安全防护措施、停止数据泄露、恢复系统等，以尽快恢复正常业务运营。

此外，应急响应计划还应详细规定如何与相关监管机构合作，包括报告事件的流程、提供的信息内容以及与监管机构沟通的方式等。这有助于确保事件得到妥善处理，并遵守相关的法律法规要求。一个清晰、明确且切实可行的应急响应计划是确保软件供应链安全的重要手段。通过提前规划和准备，团队能够更好地应对各种威胁和风险，保护用户利益和业务连续性。

总结而言，上述措施都是对软件供应链进行安全性评估的核心环节。通过严格且周密的检测流程，以及实施高效的防范手段，能够有效遏制敏感数据的外泄，大幅减少潜在的安全威胁，确保系统的稳定性和安全性。这样的做法不仅保障了用户的信息安全，也为电力行业提供了值得信赖的软件应用支持，从而在电网数字化过程中构筑起一道坚固的防线，维护了企业和用户的共同利益。

第五节 电力软件供应链风险治理

各电力企业可以考虑以 SBOM 为核心开展软件供应过程风险治理。由总公司数字化部门统筹建立统一的 SBOM 标准，各下属单位基于 SBOM 标准开展各单位的资产盘点工作，梳理存量软件组成成分，建立增量软件的 SBOM 管理机制，汇总形成覆盖电力重要信息系统的可持续更新的 SBOM 电子台账，围绕清单进一步开展软件类型、软件来源、软件成分的风险管理，建立风险处置流程，实现风险闭环管理。

一、软件源代码和制品统一管理

对线上系统的源代码或制品进行统一管理，建立统一的源代码库和制品库并进行版本管理，保证与线上系统版本一致性，并对源代码库和制品库进行严格的网络安全防护和访问控制管理，确保数据安全。

二、SBOM 清单建设与维护

建立 SBOM 统一标准，形成标准化的表单模板，包括软件名称、软件版本、软件授权、组件名称、组件版本、组件协议、组件来源、组件唯一标识、组件依赖等信息，面向公司实现 SBOM 的可流通性。

对存量软件进行盘点，根据规范格式形成存量软件的软件物料清单，包括软件使用的三方组件、三方服务和基础服务，披露组件的供应商信息，梳理组件的依赖关系等，提升软件成分透明度，了解软件对开源组件的依赖程度。

与现有管理流程融合，建立增量软件的 SBOM 管理机制。应将 SBOM 作为自建系统软件交付物，并在软件验收时进行完整性和准确性校验。完善现有的自建系统验收流程，建立 SBOM 的上交和校验的审批流程，明确供应商对提交的 SBOM 的完整性和准确性的保护责任。在开源软件引入环节设置审批流程卡点，由供应链安全保护部门负责增量的开源软件的 SBOM 的梳理工作。

建立 SBOM 的维护与审查机制。建立周期性与不定时并存的更新机制，除了周期性针对软件源代码和制品库开展软件成分分析并更新 SBOM，在软件维护更新时，同步更新 SBOM 清单，确保清单的实时性。建立审查机制，对 SBOM 的运行管理活动进行内部审查，确保 SBOM 持续更新。建立 SBOM 的安全防护机制，保证 SBOM 数据不被泄露。

三、软件安全风险管理

围绕 SBOM 开展软件供应过程风险管理，建立风险监测机制，定期进行软件供应链安全风险扫描，借助 SBOM 清单，结合 SAST、SCA、IAST、DAST 等检测技术，识别三方组件漏洞、数据隐私泄露、未知三方服务、数据跨境、基础依赖软件漏洞、后门、恶意代码、组件篡改等安全风险。建立风险通报处置流程，包括风险验证、风险处置、风险复核等，实现安全风险闭环管理。

四、软件来源风险管理

对软件来源进行管理以确保软件的来源安全可信，识别供应降级或中断风险，包括评估软件供应商资质，评估三方组件维护者的社区活跃度等。

建立软件供应商评估模型，对自制和商采软件的软件供应商进行安全评估，包括供应商的规模、资质、安全开发能力、数据安全能力、网络安全能力、违法违规情况、历史交付物安全性等维度，识别供应商的持续供应能力、安全交付能力、数据安全保护能力等，对持续供应能力较低的供应商，应建立备选供应商清单，将供应商评估结果作为考核指标之一，督促供应商提升自身供应商安全建设。

针对开源软件和第三方组件，评估维护者社区活跃度，对于一些缺乏社区维护的组件和开源软件，进行替换或增加风险检测频次，避免供应链投毒导致的组件仿冒或恶意代码植入等风险的引入。

五、软件安全合规风险管理

以 SBOM 为核心，建立合规风险管理流程，识别开源软件知识产权、三方组件协议、三方组件专利等信息，与法律合规部门协同评估安全合规风险，识别协议缺失、强传染性协议、协议冲突、专利违规使用等风险，并在法律合规部门的协助下进行整改，由安全与法律合规部门协同审批。

六、技术检测能力建设

开展 SBOM 建设和软件供应风险检测相关技术和服务体系建设，包括检测工具、管理平台、资产梳理服务等。开展相关课题研究，针对一些检测技术难点，例如二进制的软件成分检测技术、软件后门检测技术、社区投毒风险检测、代码自主率分析等，进行攻坚克难，提升供应过程风险的识别全面性和准确性。

第六节　搭建软件供应链安全治理平台基础设施

搭建软件供应链安全治理平台，整合环境、平台、工具和资源研发基础设施，打造统一的软件供应链治理业务数字化载体，支撑软件供应链安全治理体系落地。

一、搭建软件供应链安全治理平台环境

建设独立、统一、集中的供应链安全治理平台，有助于优化供应链开发环境、提高安全治理效率、提升供应链软件质量（不仅限于软件安全性）、适应各种开发模式、便于管理、便于扩容升级。结合软件供应链安全治理的需要，研发测试环境中的软硬件基础设施，其各项指标应满足运行软件供应链安全治理平台的需要，作为集中研发支撑平台的载体，应以私有云环境为第一选项，配置冗余热备的存储空间。

二、建设软件供应链安全治理支撑平台

建设软件供应链安全治理支撑平台，支持软件开发全生命周期安全风险治理，结合开发流程、方法、工具，帮助开发人员开发出安全、可靠的软件。平

台支持各种研发测试模式的流程管理，支持 CI/CD 管道的流程编排，每个环节可进行安全质量管控，建立全程跟踪分析能力，并将量化结果导入最终决策环节，提高软件发布流程的安全性。主要研究技术有供应链图谱、软件成分分析、静态代码分析、漏洞管理和修复。

1. 供应链图谱

构建供应链图谱，提升软件透明度，形成电力公司和研发单位对运营的软件系统的整体供应链风险态势感知能力，识别易受攻击的软件组件、识别可疑或假冒的软件组件、量化软件的漏洞和许可证风险、聚焦高危风险并及时处置，降低应用安全风险，提高软件可信度，降低软件维护成本。

（1）供应链图谱构建。供应链图谱全景帮助电力公司和研发单位更好地理解和管理所运营软件的供应链安全相关的知识和数据，提高软件产品的安全性和合规性。基于供应商管理、供应链技术检测等功能模块收集的基础数据，进行整合分析，针对每个软件系统生成一张供应链图谱全景视图，以及组件清单、组件依赖、组件风险等多张子视图，构建完整的知识图谱体系。

供应链全景视图梳理系统软件供应链资产，构建资产之间的关联关系，软件供应链资产包括系统关联的子系统、数据库、应用服务、消息中间件、交易中间件等软件，以及各个软件关联的组件和三方服务，并提供各个软件的软件名称、软件版本、软件供应商名称、软件唯一标识符、软件授权（有效期）、关联软件名称、组件数量、协议数量、第三方服务数量、漏洞数量、协议风险数量等基本信息。

（2）知识图谱实时更新。供应商和供应链技术检测相关信息和数据在不断更新和演变，知识图谱通过自动化数据收集和处理机制，实现对数据的实时更新和同步，并提供手动更新和编辑的功能，以确保知识图谱始终是最新的、完整的和准确的。

（3）风险实时预警。对供应链安全图谱中的安全风险和漏洞及时预警，可以让网省公司和研发单位更直观地了解和感知当前的安全状态，并及时采取措施进行处理。超过设定阈值时，平台应自动发布预警通知，在图谱上推送预警信息，提示用户采取相应的措施。

（4）关键资产清单。图谱将核心软件系统的核心组件梳理出来，进行重点标记，并提供关键资产筛选功能，帮助电力公司聚焦关键资产清单和关键资产风险。

（5）SBOM 清单管理。对软件生成的 SBOM 清单进行集中管理，包括清单列表、清单搜索、清单批量删除、清单批量导出。提供 json 格式的清单导出，并且 JSON 文件具有签名校验。

2. 软件成分分析

软件成分分析（software composition analysis，SCA）技术通过对二进制软件的组成部分进行识别、分析和追踪的技术。SCA 的目标是第三方基础组件/可执行程序/源代码等类型的以二进制形式存储的文件，包括但不限于源代码片段或 Package，可执行的二进制组件/程序，基础 lib，tar/tgz 压缩文件，镜像/镜像层，广义的软件构建过程等。

其中制品扫描是重要的质量关卡，同时也是运营、开发过程重要的安全信息来源，当前绝大部分企业已经建立制品库，且对制品晋级管理关注度上升，然而仅 13.55% 的企业将所有交付制品纳入制品库，实现制品晋级管理，且具备完善的开源合规的制品管理。

SCA 可以生成完整的 SBOM，SBOM 作为制品成分清单，同时建立软件构成图谱，为后续分析提供基础，即分析开发人员所使用的各种源码、模块、框架和库，以识别和清点开源软件（open source software，OSS）的组件及其构成和依赖关系，并精准识别系统中存在的已知安全漏洞或者潜在的许可证授权问题，把这些安全风险排除在软件的发布上线之前，也适用于软件运行中的诊断分析。SCA 允许组织在整个软件供应链中对开源软件的使用进行安全风险管理，保护最终用户免受安全漏洞的影响，在保证组织能够利用开源软件带来的优势的同时，也能保持安全性和合规性。其检测流程如图 4-4 所示。

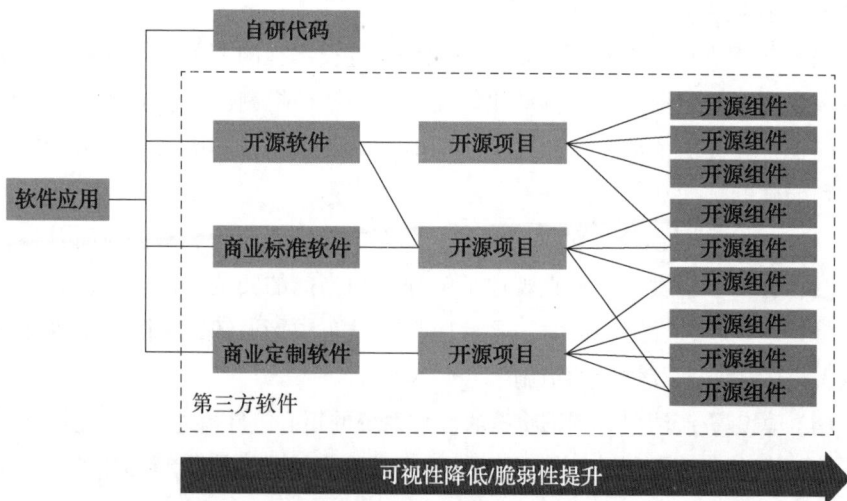

图 4-4　SCA 检测范围

随着开源软件的日益普及，SCA 的重要性逐年增长。SCA 工具也正在成为应用程序安全的必备工具，SCA 工具可以精准识别应用开发过程中，软件开发人员有意或违规引用的开源第三方组件，并通过对应用组件进行分析，多维度提取开源组件特征，计算组件指纹信息，深度挖掘组件中潜藏的各类安全漏洞及开源协议风险。同时，SCA 工具还可以对应用程序源代码、支持库、所有相关组件以及它们之间的间接和直接依赖项执行扫描，通过代码扫描可以及早发现漏洞和许可证合规问题并降低修复成本，允许自动扫描以更少的成本发现和修复安全漏洞。

通过使用基于多源 SCA 开源应用安全缺陷检测技术的安全审查工具，在整个软件供应链中对开源软件的使用进行安全风险管理，为组织提供具有可操作性的洞察力和详细的补救措施。

（1）创建准确的软件物料清单（SBOM）。SCA 工具生成 SBOM，其中包括已识别的源代码，然后针对包括 NVD 在内的多个数据库进行检查。SBOM 可帮助安全专业人员和开发人员更好地了解应用程序中使用的组件并深入了解潜在的安全和许可证问题，同时可以快速识别和修复任何关键的安全和法律问题。

（2）发现并跟踪所有开源组件。SCA 工具可以帮助组织跟踪当前运行的程序、源代码、构建依赖项、子组件等所依赖组件的使用情况，检测扫描代码中与知识库中跟踪的已知漏洞相对应的任何安全漏洞和依赖项中的安全漏洞。

（3）制定和执行相关开源政策。SCA 工具可以制定细粒度的策略来定义和自动执行关于开源软件组织可接受的安全性和合规性指南，实现快速响应各类安全事件。

（4）启用主动和持续监控。为了更好地管理工作负载并提高生产力，SCA 工具继续监控安全和漏洞问题，通过持续监控、扫描和来自最新的通用漏洞纰漏（common vulnerabilities & exposure，CVE）中的信息，实现更深入的洞察。同时对关键警报进行优先级排序和自动修复，以帮助开发人员在不中断工作流程的情况下快速解决问题。

（5）无缝集成到构建环境中。在 DevOps 环境中集成操作系统安全和许可证扫描，以便扫描代码并识别构建环境中的依赖性。

3. 静态代码分析

（1）缺陷检测。软件供应链安全治理平台支持运行时缺陷检测，并覆盖不少于 150 种常见缺陷列表（common weakness enumeration，CWE）缺陷类型。通过集成先进的运行时缺陷检测技术，平台能够在代码执行过程中实时监测和识别潜在的运行时缺陷，例如空指针引用、缓冲区溢出、内存泄漏等问题。这有助于提早发现和解决潜在的运行时错误，提高应用的可靠性和稳定性。

通过支持运行时缺陷检测，，够全面检测和防范应用程序中的缺陷。提供对常见缺陷的广泛覆盖，帮助开发人员和安全团队及时发现和解决这些问题，提升应用的质量和安全性。

（2）安全漏洞检测。SO/IEC TS 17961：2013 C 安全编码规则是一项针对 C 语言的安全编码规范，提供了一系列的编码规则和最佳实践，帮助开发人员编写安全、健壮的 C 语言代码，防范常见的安全漏洞和攻击。通过集成 ISO/IEC TS 17961：2013 C 安全编码规则，软件供应链安全治理平台能够检测和识别 C 语言代码中的安全问题，并帮助开发人员遵循规范，提高代码的安全性和可靠性。

开放式 Web 应用程序安全项目（open web application security project，OWASP）是一个致力于推动 Web 应用程序安全的开放社区。OWASP 提供了一系列的安全漏洞和风险的指南和工具。通过支持 OWASP，平台能够检测和识别常见的 Web 应用程序安全漏洞，如文件读取、文件上传、SQL 注入、跨站脚本攻击（XSS）、跨站请求伪造（CSRF）等。这有助于发现并修复潜在的安全风险，保护 Web 应用程序免受攻击。

GB/T 34944《JAVA 语言漏洞测试规范》和 GB/T 34943《C/C ++ 语言漏洞测试规范》专门针对 JAVA 和 C/C ++ 语言的漏洞测试提供了规范和指导。这些规范包含了一系列的漏洞测试用例和测试方法，用于检测和评估 JAVA 和 C/C ++ 代码中的安全漏洞。通过支持这些规范，平台能够进行全面的 JAVA 和 C/C ++ 代码安全检测，帮助发现和修复潜在的漏洞问题。

网络应用安全联盟（Web Application Security Consortium，WASC）安全漏洞集是一个包含多个安全漏洞类别的综合性安全漏洞集。它涵盖了常见的 Web 应用程序安全漏洞，如 SQL 注入、跨站脚本攻击（XSS）、路径遍历等。通过支持 WASC 安全漏洞集，平台能够对 Web 应用程序进行全面的安全漏洞检测，帮助发现和修复潜在的安全漏洞问题。

通过支持 ISO/IEC TS 17961：2013《C 安全编码规则》、OWASP、GB/T 34944《JAVA 语言漏洞测试规范》、GB/T 34943《C/C ++ 语言漏洞测试规范》、WASC 安全漏洞集等常见安全漏洞集，平台能够提供广泛的安全漏洞检测能力。

4. 漏洞管理和修复

（1）静态分析问题管理。对软件供应链安全治理平台显示漏洞的所有信息并进行管理，展示的漏洞详情包含漏洞名称、相关请求、代码行数、漏洞类型、漏洞 CWE 编号、漏洞描述、漏洞等级、漏洞代码详情、污点数据流、代码示例。

漏洞名称：显示漏洞的具体名称或标识符，以便用户能够迅速识别漏洞类型。

相关请求：提供与漏洞相关的请求信息，包括请求的 URL、参数、请求头等。这有助于用户了解漏洞的触发条件和利用方式。

代码行数：显示漏洞所在代码的行数，帮助用户准确定位漏洞发生的位置。

漏洞类型：标识漏洞的具体类型，例如 SQL 注入、跨站脚本（XSS）、路径遍历等。这有助于用户了解漏洞的特征和风险。

漏洞 CWE 编号：提供漏洞所对应的 CWE 编号，用于标识和分类漏洞。这有助于用户更准确地了解漏洞的特征和修复建议。

漏洞描述：提供对漏洞的详细描述，包括漏洞的原理、可能的危害和潜在影响等。这使用户能够全面了解漏洞的本质和风险程度。

漏洞等级：对漏洞进行等级划分，如高、中、低，以帮助用户快速评估漏洞的严重程度和优先级。

漏洞代码详情：展示漏洞相关的代码片段，以便用户深入理解漏洞的产生原因和具体的代码实现。

污点数据流：显示与漏洞相关的污点数据流路径，帮助用户追踪和理解漏洞触发过程。

代码示例：提供漏洞代码示例，使用户能够更直观地理解和识别漏洞的关键特征。

漏洞修复建议：给出针对漏洞的修复建议和最佳实践，以帮助用户采取正确的措施来修复漏洞并加强系统安全性。

（2）漏洞报告和评估。软件供应链安全治理平台提供漏洞的评估报告，报告消息应包含安全事件详细内容、处理方案建议、影响范围评估、严重等级和可利用性评估、处理方法选择。

安全事件详细内容：平台提供了安全事件的详细内容，包括漏洞名称、描述、风险等级、可利用性、影响范围等信息。用户可以通过查看详细内容来了解每个安全事件的具体情况。

处理方案建议：平台基于漏洞及其对应组件的分析，给出了最佳的应对方案。根据漏洞的性质和影响程度，平台可以建议升级到无漏洞版本、修改配置参数、替代有漏洞的组件等处理方法，以减少潜在的安全风险。

影响范围评估：通过对漏洞及其对应组件的分析，平台能够评估漏洞的影响范围。这有助于用户了解漏洞可能对本地代码资产产生的影响，并根据情况进行相应的处理和修复。

严重等级和可利用性评估：平台为每个安全事件提供严重等级和可利用性评估。严重等级反映了漏洞的严重程度，而可利用性评估则表示漏洞被利用的难易程度。这些评估结果有助于用户对安全事件的重要性进行评估，并采取相应的措施。

处理方法选择：根据平台给出的处理方案建议，用户可以选择适合自己情况的处理方法。可以根据安全事件的紧急性、影响范围和可行性来确定最佳的处理方法，以保障代码资产的安全性和稳定性。

通过提供安全事件详细内容、处理方案建议、影响范围评估等功能，该软件供应链安全治理平台能够帮助用户应对突发的软件安全事件，并采取适当的措施保护本地代码资产。这有助于及时应对安全风险，降低潜在的损失和影响。

（3）漏洞影响分析。

1）漏洞传播影响分析。平台基于成分分析的结果，将发现的漏洞与组件、项目之间的关系进行分析，构建跨项目的大规模漏洞传播图。这个传播图显示了漏洞在不同组件和项目之间的传播路径和影响范围。

2）发现漏洞的传播影响范围。通过分析漏洞传播图，用户可以发现漏洞在不同组件和项目中的传播路径，并了解漏洞可能对其他项目造成的影响。这有助于用户全面了解漏洞的传播范围，从而采取适当的修复措施。

3）采取修复措施。根据漏洞传播图的分析结果，用户可以确定适当的修复措施。这可能包括修复漏洞的组件、升级到无漏洞版本、修改配置参数等。用户可以根据漏洞的传播路径和影响范围，有针对性地采取修复措施来减少漏洞的传播和潜在影响。

通过提供基于成分分析的漏洞传播影响分析功能，该软件供应链安全治理平台能够帮助用户发现漏洞的传播范围，并采取适当的修复措施来减少漏洞的传播和潜在影响。这有助于提高整个软件生态系统的安全性和稳定性，保护代码资产免受漏洞的影响。

第五章 电力软件供应链安全检测技术分析

>>>

第一节 电力软件供应链检测难点

前文已深入探讨电力软件供应链检测的具体流程、关键环节以及在发现潜在问题时的风险管理策略。然而，将这一理论应用到实际的电力行业软件供应链检测中时，会遇到一系列特定的挑战和难题。

一、电力软件供应链的复杂性

电力行业的特殊性在于其软件供应链相较于其他行业更为复杂。电力系统是关系到国计民生的重要基础设施，其软件供应链的安全直接关系到电力供应的稳定性和安全性。因此，在进行软件供应链检测时，必须确保每一个环节都万无一失，这无疑增加了检测的难度。电力行业面临着严格的监管压力，包括必须遵守的各种安全规则和标准，这可能对实施供应链安全策略带来额外的挑战。

电力行业的软件供应链之所以复杂，是因为其包含了众多的环节和参与者。从软件的设计、开发、测试、部署到维护，每一个环节都需要严格的质量控制和安全保障。此外，电力行业的软件供应链还涉及众多的供应商和合作伙伴，这使得供应链的管理和监控变得更加复杂。

电力行业面临着严格的监管压力，包括必须遵守的各种安全规则和标准。这些安全规则和标准是为了保障电力系统的安全运行和电力供应的稳定性而制定的。电力企业必须按照这些规则和标准进行软件供应链的管理和监控，确保软件供应链的安全。这可能对实施供应链安全策略带来额外的挑战，因为电力企业需要不断适应监管环境的变化，更新和完善供应链安全策略。

二、电力软件供应链涉及技术的广泛性

电力行业的软件供应链所牵涉的技术范畴极为广泛，包括但不限于自动化控制、大数据处理、云计算等诸多领域。这就对检测团队提出了较高的要求，他们不仅需要具备深厚的电力行业专业知识，还必须具备跨学科的技术能力，这样才能够深入地理解和分析软件供应链中的每一个技术环节。在电力行业中，许多电力设施都依赖于专有或遗留系统，而这些系统可能无法轻易地与现代的安全工具和策略相集成，这无疑给供应链安全带来了诸多挑战。因此，对于检测团队来说，他们需要充分了解这些遗留系统的运行机制，以便能够有效地识别并解决潜在的安全问题。

三、电力软件供应链检测的时效性

电力行业在实施软件供应链检测的过程中，正面临着时效性方面的重大挑战。在当前电力领域数字化转型的步伐不断加快的背景下，软件的更新换代和迭代速度也呈现出了显著提升。这种快速的变化，使得软件供应链的检测工作变得更为复杂和繁重。因此，对于检测团队而言，他们必须提升自身的响应速度，增强快速反应的能力，以满足日益增长的工作需求。

为了确保电力系统的稳定运行，检测团队需要能够在最短的时间内，完成对软件供应链的全面检测。这不仅包括对软件本身的检测，还包括对其依赖的库、框架和服务的检查。只有这样，才能确保电力系统在软件更新的过程中，不会出现任何的问题，保证电力供应的稳定性和安全性。

四、电力软件供应链检测的成本性

在电力行业中，软件供应链检测面临的一项重大挑战就是如何在成本控制方面取得平衡。由于电力系统内部通常涵盖了各式各样的设备、操作系统、应用程序以及网络配置，这就使得构建和实施一个全方位的软件供应链检测方案变得既复杂又耗时。另外，电力设施的运行特点是基本上不能出现停机情况，必须保证 24 小时全天候的运营，这也就意味着在执行软件更新、修复或其他关键安全措施时，可供选择的时间窗口非常有限。

尽管软件供应链检测在确保电力系统安全运行方面起着至关重要的作用，但过高的检测成本同样会给电力企业带来沉重的负担。因此，电力行业在进行

软件供应链检测时，需要解决的一个关键问题就是如何在确保检测效果的基础上，有效控制检测成本。这就要求在选择检测策略和方法时进行充分的考量和权衡，力求在保障电力系统安全的同时，最大限度地降低成本支出。

总的来说，虽然电力行业在软件供应链检测方面面临着诸多挑战，但是通过加强检测团队的建设，优化检测流程，提高检测技术，以及合理控制检测成本，能够有效保障电力行业的软件供应链安全。

第二节　代码克隆检测技术

一、代码克隆定义

在一个或多个不同的代码文件中，如果存在相同或非常相似的代码，则被称为重复代码或克隆代码。克隆代码的自动化检验检测过程称为克隆代码检测。代码克隆还涉及以下名词定义。

代码片段：代码片段（CF）是可能包含注释的任意代码行的序列，也可能不包含注释。它可以是任意的粒度，例如，代码片段可以是函数定义，起始块或者语句序列。代码片段可以通过源代码中的文件名，起始行号和结束行号来标识。

代码克隆：代码片段 CF2 是代码片段 CF1 的另一个克隆，这意味着它们根据给定的相似性是相似的，即 $f(\text{CF1}) = f(\text{CF2})$，$f$ 代表相似性函数。两个相似的代码片段形成克隆（CF1，CF2）克隆，并且多个相似的代码片段形成克隆类。

二、代码克隆分类

克隆类型：代码片段之间有两个类似的相似之处。第一类片段之间的相似性是基于它们的程序文本之间的相似性，而第二类相似性是基于函数。前者通常是通过复制一段代码并粘贴到另一个位置而生成的。根据文本和函数相似性提供四种类型的克隆。

类型 1：除了空格，布局和注释之外，其余的部分是一样的。符合类型一标准的代码段如图 5-1 所示。

```
int  a=1,b=0;              int  a=1,b=0;              int  a=1,b=0;
while(a<=10){              while(a<=10){              while(a<=10){
  b+=a;注释一               b+=a;注释一                b+=a;
  a=a+1;注释二              a=a+1;                    a=a+1;
  } )片段一                  } )片段二                   } )片段三
```

图 5 – 1 类型 1 代码段示例

图 5 – 1 中的代码段，在去除空白符和注释内容，并在风格上进行统一后，文本看起来已经一样了。

类型 2：语法结构上相似的代码片段。符合类型 2 的代码段如图 5 – 2 所示。

```
int  a=1,b=0;                    int  m=1,n=0;
while(a<=10){                    while(m<=10){
  b+=a;注释一                      n+=m;注释一
  a=a+1;注释二                     m=m+1;注释二
  }                              }
Printf("字符串－/n");           Printf("字符串－/n");
      片段一                            片段二
```

图 5 – 2 类型二代码段示例

图 5 – 2 中的代码段，在去除空白符和注释内容，并将风格和变量名统一后，在词法结构信息上是已经完全一样了。

类型 3：在之前修改的基础上，进一步对代码段进行改动，例如对代码语句进行增删改查。符合类型 3 的代码段如图 5 – 3 所示。

```
                                 int  m=1,n=0;
                                  int  c=0;
                                 while(m<=10)
        int  a=1,b=0;            {/注释1
        while(a<=10){             n+=m;
          b+=a;注释一              m=m+1;
          a=a+1;注释二             c+=n;
          }                       }
   Printf("字符串－/n");     Printf("字符串－/n");
        片段一                        片段二
```

图 5 – 3 类型三片段示例

图 5-3 中的代码段在完成之前类似的统一工作后，第二个代码段比第一个多出二行代码。

类型 4：两个代码端实现的是统一算法或功能，但是在实现方法上完全不一样。符合类型 4 的代码段如图 5-4 所示。

```
int a=1,b=0;
while(a<=10){
  b+=a;注释一
  a=a+1;注释二
            }                int m=1,n=0;
Printf（"字符串一/n"）；       n=((1+10)/2)*10;
                            Printf（"字符串二/n"）；
        片段一                     片段二
```

图 5-4 类型四片段示例

图 5-4 中两个代码段的作用都是计算 1 加到 10 的结果，但是二者在实现的方法上完全不一样。

上述四种类型的克隆被统称为简单克隆，将简单克隆进行组合形成粗粒度的高层则被称为结构克隆。

三、代码克隆检测原理

代码克隆检测的原理如图 5-5 所示。

（1）预处理阶段。在此阶段对代码进行一下基本的处理，方便确定后续处理代码的基本单位。首先，需要删除无用的代码或创建代码克隆检测中影响检测的部分，通过词法分析器过滤源代码中的干扰信息。随后，需要对源代码粒度进行确认，如文件的粒度、类粒度、函数粒度或更细的行粒度。最后，按照选定的粒度进行进一步划分分解。

（2）源代码转换过程。由于代码是规范化的，因此源代码转换是通过算法所依赖的数据结构信息分析实现的。首先删除空白字符，代码注释信息和其他无用的信息。然后，根据实际的测试需求，提取

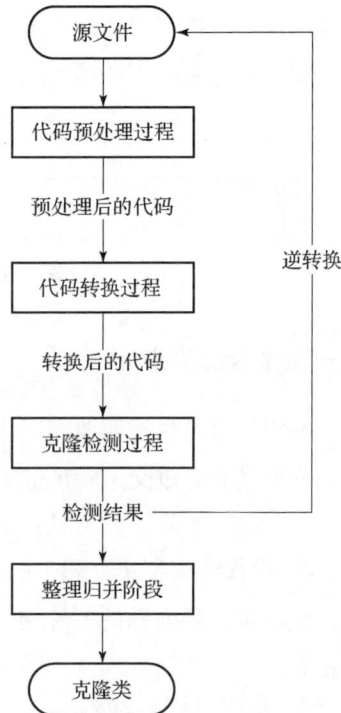

图 5-5 代码克隆检测原理流程图

分词信息，语法树信息，代码控制流程图信息，代码数据流程图信息等。最后，替换标识符以实现统一的源代码风格。

（3）克隆检测阶段。在此阶段主要根据提取的源代码信息，应用相应的检测算法，对这些信息进行分析匹配，获得克隆对信息。

（4）整理归并阶段。在此阶段利用克隆对信息，整理源代码之间的克隆情况，计算代码的克隆相似度。

通过运用先进的代码克隆检测技术，可以对代码中的开源部分进行深入的识别和详尽的分析。这一过程不仅涉及对代码本身的仔细审查，还包括对其所依赖的开源组件的评估。通过这种方法，可以确保电力软件的安全性得到全面而细致地分析。这种分析有助于发现潜在的安全漏洞，从而提前采取措施进行修补，确保电力软件在运行过程中的稳定性和安全性。

第三节　恶意代码检测技术

恶意代码检测技术，是通过对恶意代码进行样本划分，经过特征提取、特征降维约简后，进行分类学习训练，形成分析模型和规则，实现对恶意代码的准确识别。其检测原理如图 5 – 6 所示。

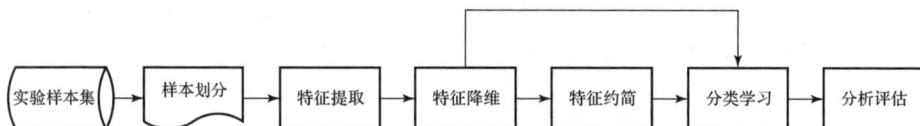

图 5 – 6　基于机器学习的恶意代码检测原理图

一、样本集划分

样本集划分是指按照监测需求，将代码样本集划分为训练集和测试集。样本集划分方案有 k 重交叉验证的方式和采用固定的比例方式两种。

（1）k 重交叉验证的方式。k 重交叉验证即将实验数据集划分为 k 等份，其中 $k-1$ 份作为训练集，剩下的 1 份作为测试集，然后从训练集中再取出 1 份分作为测试集，将前面的 1 份测试集再加入训练集之中，如此重复 k 次。由于是采用 k 重取均值的方式，一般分类的精度相对较高。

（2）采用固定的比例方式。将数据集按照一定的比例（如 3∶1）划分，为训练集与测试集。

二、特征表示与提取

常用的特征表示方案有文件结构特征、序列特征、统计特征、语义特征、图特征等。根据恶意代码所处的状态的不同，特征提取的方案可分为动态特征提取方案与静态特征提取方案两种。动态特征提取方案是在运行恶意代码的基础上所获得的恶意代码的相关行为特征，要获得动态特征有两种技术可供选择：一种是虚拟化技术，一种是动态污点分析技术。常用的动态行为特征有：恶意代码动态 API 调用序列及其调用参数特征、系统调用关系图、控制依赖关系图、数据依赖关系图、恶意代码对系统资源（文件、注册表、进程、网络）的操作情况等。静态提取方案是在不运行恶意代码的前提下利用反汇编工具对恶意代码进行正确的反汇编，然后获取其中的文件结构或代码语义结构特征，常用的静态特征有：恶意代码文件结构特征、字节序列特征、指令序列特征、函数调用关系图、系统调用关系图、控制流图、数据流图等。

特征主要以图形式和矢量形两种形式描述。图形式描述包括控制流图、数据流图、调用流图等，图形式描述的特征在使用之前会对图进行抗混淆处理，减少迷惑技术的影响，然后利用图的相似性比较来进行分类；矢量形式描述的特征有维数高低之分，对于维数不高的矢量特征可直接训练分类器进行分类，而对于维数很高的矢量特征（一般都是通过 n – gram 滑动窗口滑动字节序列、指令序列、API 调用序列得到），则必须进行降维处理，否则会影响分类器的分类性能。

三、特征降维与约简

高维数据的降维有特征变换算法和特征选择算法两种方式。特征变换算法的基本思想是将高维的特征空间进行某种变换映射到低维空间中去，达到降维的目的，常用的变换方法有主成分分析法、线性判别分析法等。特征选择算法的基本思想是以某种准则从原始特征集中选择出对分类贡献最优且不显著降低分类算法性能的特征子集来实现降维。特征选择算法根据其与后续分类算法的关系可分为过滤（Filter）类与封装（Wrapper）类。Filter 类特征选择算法如图 5 –7 所示。

图 5 –7　Filter 类特征选择算法

Filter 类的特征选择算法常用的是 TF – IDF、互信息和信息增益。TF – IDF 的基本思想是，如果某一特征在某一类别中出现频率很高且在其他类别中出现的很少，则该特征区分类别的能力越强，权重越大的越应进行保留，具体的计算式为

$$w_{i,j} = tf_{i,j} \cdot idf_{i,j} = \frac{n_{i,j}}{\sum_k n_{k,j}} \cdot \lg \frac{N}{1+n_i}$$

式中：$w_{i,j}$ 为特征区分权重，$tf_{i,j}$ 为词频；$n_{i,j}$ 表示特征 t_i 在某一样本 d_j 中出现的次数；分母为该文件中的所有特征出现的次数的总和；$idf_{i,j}$ 为文档翻转频率；N 为所有文件的总数；n_i 为包含特征 t_i 的文件数；$n_i + 1$ 的原因是防止分母为零的情况出现。

互信息是信息论中度量两个统计量之间关联程度的信息量，在恶意代码分类的过程中，可以利用互信息来衡量某一特征与某一类别之间的相关性，如果其值越大，表明该特征与该类别的相关性，就越强则越应进行保留，具体的计算式为

$$MI(t_i) = \sum_{j \in \{0,1\}} p(c_j) \lg \frac{p(t_i, c_j)}{p(t_i)p(c_j)}$$

式中：$MI(t_i)$ 表示特征类别相关性，c_j 表示训练集中的样本类别，c_0 表示恶意样本，c_1 表示正常样本；$p(t_i)$ 为包含特征 t_i 的样本占总样本的比例；$p(c_j)$ 为训练集中类别 c_j 的样本占总的样本数的比例；$p(t_i, c_j)$ 为训练集中包含特征 t_i 且属于类别 c_j 的样本出现的占总样本的比例；$p(t_i \mid c_j)$ 为类别 c_j 中含有特征 t_i 的样本占总的样本的比例。

信息增益的基本思想是：通过计算某一特征出现与否给分类系统带来的信息量大小来衡量该特征的重要性，信息量增益值越大的特征，分类能力越强，该特征越重要，越需要进行保留，然后根据指定阈值的剔除小于该阈值的其他特征以达到降维的目的，具体的计算公式如下：

$$IG(t_i) = p(t_i) \sum_{j \in \{0,1\}} p(c_j \mid t_i) \lg \frac{p(c_j \mid t_i)}{p(c_j)} + P(\overline{t_i}) \sum_{j \in \{0,1\}} p(c_j \mid \overline{t_i}) \lg \frac{p(c_j \mid \overline{t_i})}{p(c_j)}$$

式中：$IG(t_i)$ 表示信息量增益值；c_0 表示恶意样本；c_1 表示正常样本；$p(t_i)$ 为包含特征 t_i 的样本占总样本的比例；$p(\overline{t_i})$ 为不含特征 t_i 的样本占总样本的比例；$p(c_j)$ 为训练集中类别 c_j 的样本占总的样本数的比例；$p(c_j \mid \overline{t_i})$ 表示不含特征 t_i 中含有特征的样本占 c_j 中的比例。

Wrapper 类将特征的选择过程与训练过程整合成一个整体，由学习算法

（如决策树、支持向量机、贝叶斯等）的预测能力作为评价所选特征选择的子集的标准。由于 Wrapper 类特征选择算法（见图 5-8）是根据特征学习算法的预测能力来确定最终的特征子集，因此选择出的特征子集相对 Filter 类而言质量较高，不过由于要依据特定的学习算法确定最优的特征子集，因此需要不断调整相关的参数以达到最优的结果，相对于 Filter 类而言计算量相对大、效率也不是特别高、通用性也不是很强，不太适应大规模的数据集。

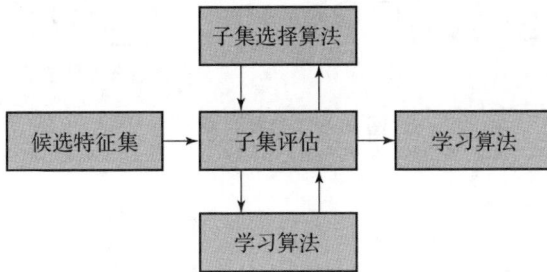

图 5-8　Wrapper 类特征选择算法

特征降维虽然可以降低特征维度，删除大量不相关的特征，但仍可能存在一些冗余的特征，利用特征约简进一步删除冗余特征。特征约简最常用的是粗糙集理论，它是一种非常有效的数据挖掘工具，其优势在于不需要先验知识能够在保持分类能力不变的情形下删除冗余特征，进行属性与属性值的约简。粗糙集的约简包括属性的约简与属性值的约简两个部分，约简步骤为：首先进行属性的约简，去掉冗余的属性，然后进行属性值的约简，删除无关的属性值，最终导出决策与分类规则。

四、分类算法与模型的选择

分类是一种有监督的学习过程，其目的是找到一个最接近实际分类函数的最优的分类函数的过程，分类模型主要有单分类器模型和多分类器集成模型两种。单分类器的分类模型相当于只有一个分类算法对样本进行分类，这种模型虽然简单高效，但存在精度与泛化能力不高的问题，多分类器集成的分类模型是相当于利用多个分类器同时对样本进行分类，然后以某种方式进行组合输出最终的分类结果，多分类器的优势在于提高分类器的泛化能力。单分类器的模型，只利用一个分类算法训练分类器，常用的分类算法有决策树、贝叶斯、支持向量机、K-邻近、JRipper 等。多分类器集成模型可以实现多个分类算法间的互补并进行共同决策，可以有效解决单分类器过耦合、泛化能力弱的问题。多分类集成的有两个关键步骤：①生成精度高且具有差异性的个体分类器；②对分类结果进行有效组合。选择性集成如图 5-9 所示。

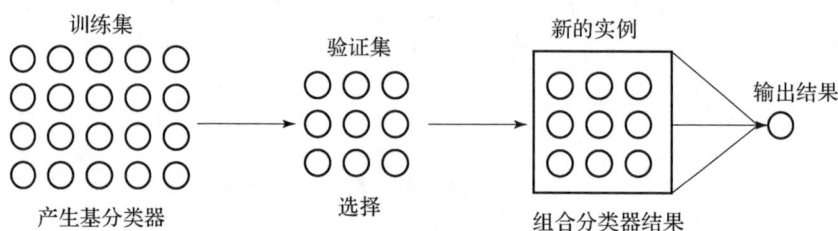

图 5-9　选择性集成

五、评价标准

评估恶意代码检测性能的标准有恶意代码正确分类的比率、正常代码正确分类的比率、误比率、漏比率、检测精度。

恶意代码正确分类的比率表示为

$$TP\ Rate = \frac{TP}{TP + FN}$$

正常代码正确分类的比率表示为

$$TN\ Rate = \frac{TN}{TN + FP}$$

误比率表示为

$$FP\ Rate = \frac{FP}{TN + FP}$$

漏比率表示为

$$FN\ Rate = \frac{FN}{TP + FN}$$

检测精度表示为

$$Accuracy = \frac{TP + TN}{TP + TN + FP + FN}$$

式中：TP 表示正确分类为恶意代码的数量；TN 表示正确分类为正常文件的数量；FP 表示将正常文件分类为恶意代码的数量，FN 表示将恶意代码分类为正常文件的数量。

利用机器学习技术，实现对存在安全风险的代码进行分析识别，保障在内网环境下对安全风险的检测率。

第四节　代码片段分析技术

为了实现基于机器学习技术的开源代码片段分析技术，首先要对代码进行片段特征提取，建立开源代码片段特征库，并基于特征库建立分布式索引库。通过机器学习算法对源代码成分分析模块进行训练，提高源代码成分分析模块的速度和准确度。技术方案如图 5 - 10 所示。

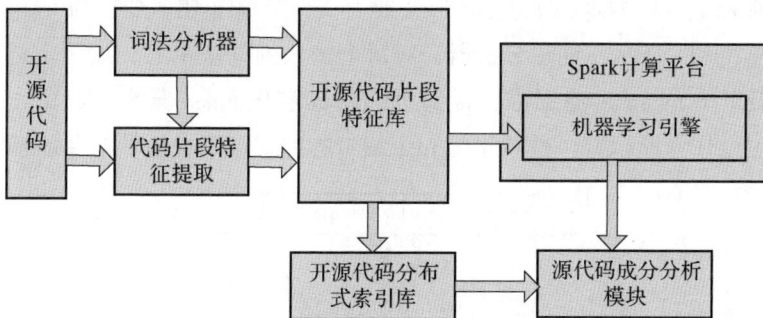

图 5 - 10　基于机器学习技术的开源代码片段分析技术的技术方案

基于机器学习技术的开源代码片段分析技术主要由词法分析器、代码片段特征提取模块、开源代码片段特征库、Spark 计算平台、机器学习引擎、开源代码分布式索引库和源代码成分分析模块组成。源代码经过词法分析器处理后，形成预处理文件，然后利用代码片段特征提取模块对原始代码文件和预处理文件进行代码片段特征提取，建立开源代码片段特征库。基于开源代码片段特征库建立开源代码分布式索引库，最后利用源代码成分分析模块进行成分分析。

一、利用词法分析器的预处理

词法分析器是为了对代码的无关部分进行去噪操作，过滤了注释、头文件、多余的无义字符，获得标准化的词法单元（token）之后，再进一步获取固定长度的索引单元（chunk），实现源代码的预处理。

词法分析器主要过滤的词法单元有注释、预处理命令、可见度修饰符、命名空间限定符、this 调用 5 种。

（1）注释：包括一行、多行注释，以及 doc 注释。

（2）预处理命令：比如 import、include、package、define 等。

（3）可见度修饰符：例如 static、public、private 等。

（4）命名空间限定符：例如 global 等。

（5）this 调用。

另外，词法分析器还对源代码中的所有的标识符、类型、常量进行统一编号，处理规则为：①标识符采用 id + 编号来替换，编号由 0 递增，如果前面已经出现过，则采用第一次的编号；②字符串统一替换为""空串；③数据类型为整形变换为 0；④数据类型为浮点形变换为 00.0；⑤布尔值变换为 true。

如图 5 – 11 所示，词法分析器针对每个输入的词法单元，按照上述五条规则，以及五个 token 过滤标准，得到最终的标准化 token 集合。其中，函数名 getTest 也会作为标识符，被转化为 id + 编号的形式；而小括号都会被忽略。

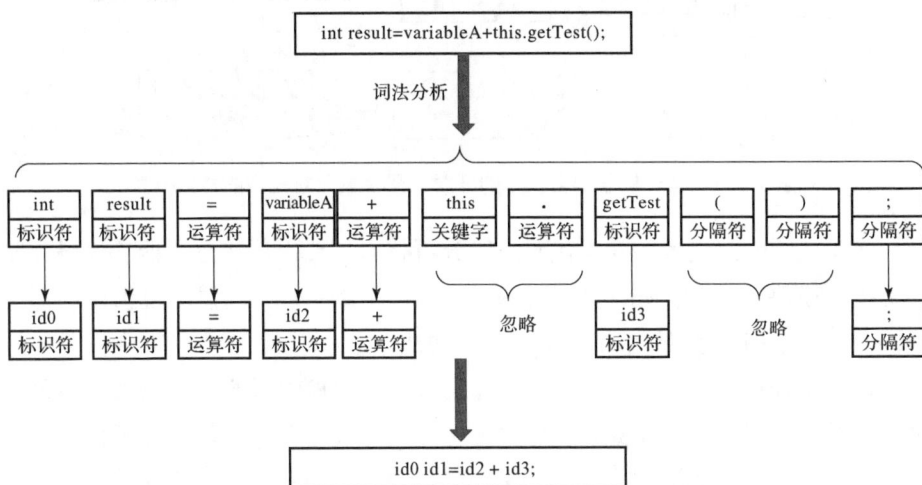

图 5 – 11　词法分析器预处理过程

二、代码片段特征提取

源代码经过词法分析器处理后，形成新的预处理代码。通过对原始代码和预处理代码进行特征提取，即可建立代码片段特征库。以预处理后代码为例，代码片段特征的提取方法为：①预处理代码中的 token，按照固定数目进行结合，形成一个代码片段；②对该代码片段进行 Hash 值计算，即得到了该代码片段的特征；③偏移固定的 token 数目，安全固定书面进行结合，形成一个新的代码片段，并计算新片段的 Hash 值；④重复步骤②和步骤③，直至文件结束。

三、建立分布式索引库

索引单元里面不含源代码的文本信息，含有代码片段的特征值、token 数量等信息，其结构如表 5 – 1 所示。

表 5 – 1　基本索引单元

属性	说明
chunkHash	该段代码文本的 MD5 hash 值
elementUnits	索引单元中包含的词法 Token 数目
firstRawLineNumber	对应源文件的开始行号
firstUnitIndex	所含 Token 中，第一个 Token 的编号
lastRawLineNumber	对应源代码文件的结束行号
originId	该索引单元所在文件的唯一路径
rawEndOffset	对应源代码文件中结束行中的偏移量
rawStartOffset	对应源代码文件中开始行中的偏移量

索引库采用分布式数据库 HBase。因为 HBase 的数据是按列存储的。当存储索引数据 Chunk 时，特定列由 originId 加上#firstUnitIndex 唯一标识。例如，elementUnits 列是散列值为 hashA 的块，存储在具有 hashA 的行中其 elementUnits 列的列键是 elementUnits：originId#firstUnitIndex，存储的值或 elementUnits 的值。图 5 – 12 显示了创建索引库的完整过程。

四、建立基于 Spark 的机器学习应用框架

建立基于 Spark 的机器学习应用框架，通过对框架接口的调用，实现高效的代码片段分析技术。该机器学习应用框架如图 5 – 13 所示。

（1）相关机器学习任务是通过调用接口来进行访问实现的。

（2）根据获得的参数和接口情况，向算法优化器提交任务，实现算法优化。同时将从代码特征库中加载到特征数据，并将相关数据提交到算法优化器，由算法优化器进行处理。

（3）机器学习算法将指导算法优化器完成算法的预处理优化。

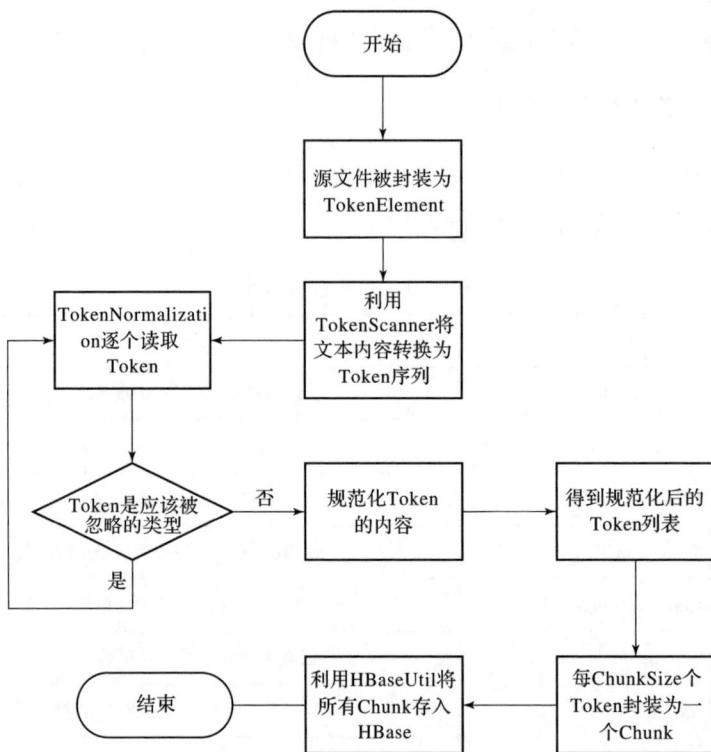

图 5 - 12　建立索引库完整流程

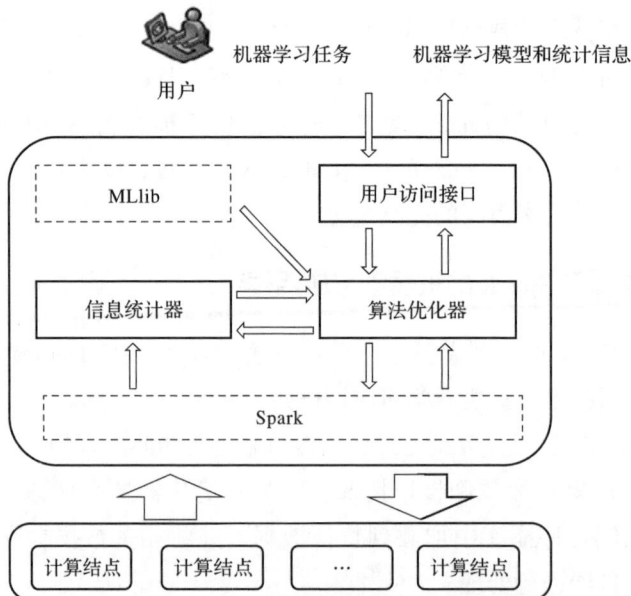

图 5 - 13　基于 **Spark** 的机器学习应用框架[18]

（4）数据处理完成后，算法优化器开始优化工作，主要的工作内容包括数据提取、向框架提交优化子任务、将子任务信息注册添加到信息统计器中。

（5）框架将各个任务分配至不同的计算节点，开始优化工作。

（6）最后优化器将所有节点完成的结果进行有效整合，最终得到的机器学习模型。

五、利用代码片段特征实现开源软件成分分析

通过建立的分布式索引和机器学习模型，实现基于代码特征的开源软件成分分析模块。主要过程为：①构建待检测源代码索引，利用索引到 HBase 中进行检索；②利用检索生成的二维邻接表结构，按照待检测的代码的索引序列作为行头，每行存储与行头元素相同的散列值作为索引数据，每行的元素按照文件路径进行排序，行头则根据待检测文件中的索引号排序；③通过索引与开源软件分布式索引库，分析识别开源软件成分；④结合恶意代码特征库和分析技术，实现开源成分安全的识别。

第五节 基于二进制分析的软件供应链安全检测

在实际的检测过程中，存在大量的软件无法提供代码的情况，所以这时候如何通过二进制分析从而实现软件供应链的安全检测成为不得不面临的问题。为了实现对二进制代码的安全检测，及时发现二进制开源代码中的漏洞和恶意代码成分，需要先对二进制代码进行多维度特征提取，建立二进制开源软件特征库和恶意代码特征库；然后利用机器学习技术，实现对二进制开源成分和恶意代码的分析识别；在此基础上，进一步设计实现分布式安全检测技术，最终实现基于二进制分析的开源软件安全检测技术。技术方案如图 5 – 14 所示。

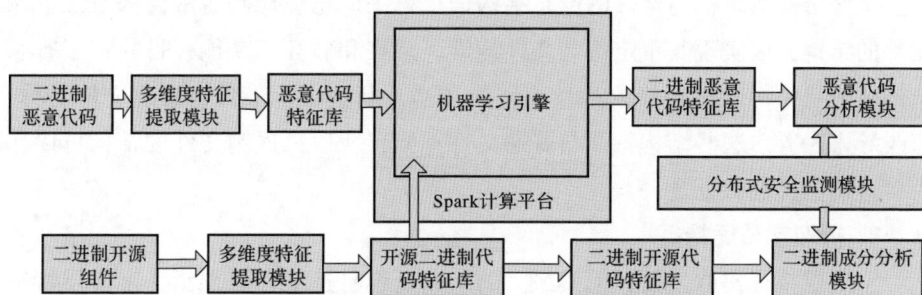

图 5 – 14 基于二进制分析的开源软件安全检测技术方案图

一、建立二进制代码特征库

针对二进制开源代码,提取二进制代码的静态特征,包括文件属性的属性,文件结构层的二进制结构特征,字节层的字节序列特征,指令层的指令序列特征,语义层的关键 API 调用序列特征以及特征提取过程如图 5-15 所示。

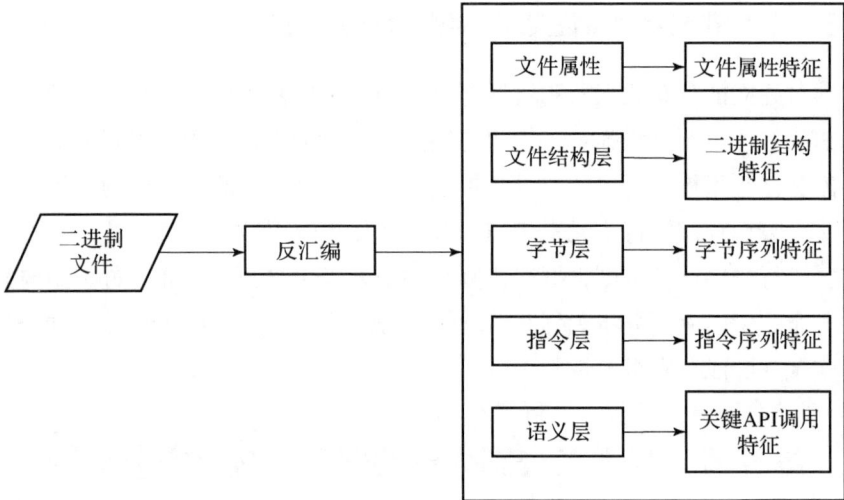

图 5-15 二进制多维度特征提取

1. 提取文件属性特征

二进制文件的文本可以用来在开源或二进制组件中进行初步的识别,直接识别二进制组件的版本,可以根据其属性所涉及的特性来包括文件名、容量、基本属性,如以安全风险分析初步特点为代表的散列值,结合以上特性,进一步对二进制代码进行多维特征分析,识别安全风险,如恶意代码。

2. 提取文件结构层的特征

文件结构的结构与文件的静态结构信息有关。恶意代码通常会修改二进制文件的结构,以实现其重定位、文件搜索、感染和破坏等功能,目的在于查杀结构并防止杀毒软件将修改入口点转为非恶意行为、标准件、修改文件名称、修改导入表等。这些结构特征与普通文件不同,所以二进制文件的结构可以作为二进制文件的特征之一。

3. 提取字节层特征

字节层特征提取方便,但其最大的缺点是容易造成代码混淆,字节层特征仍然可以代表二进制编码特征的维度。字节层的特点是首先将 Hexview 等相应工具转换为十六进制序列，然后用 n - gram 窗口获取特征，并使用 n - gram 窗口滑动特征提取。

4. 提取指令层特征

在获得操作码序列之后，使用 n 元组来获得期望的特征集。具体步骤为：首先对样本进行分解；然后从反汇编结果中提取常用指令，形成初始特征集；最后，n - gram 滑动窗口技术得到最终的期望特征集，n 取 2 或 3。

5. 提取语义层特征

通常语义信息可以由 API 函数调用信息表示。一个或多个 API 函数序列表示相关的操作或行为。因此，就字节或指令序列而言，语义层具有良好的对抗性、简单的迷惑能力。语义特征的提取步骤为：建立一个关键的系统调用库，它包含：①公共关键系统调用 API 函数；②根据反汇编的结果构建关键系统调用关系流程图；③使用深度优先遍历算法遍历调用流程图，得到关键系统调用的调用顺序；④利用 n - gram 窗口滑动调用序列获取所需特征。语义特征提取方法如图 5 - 16 所示。

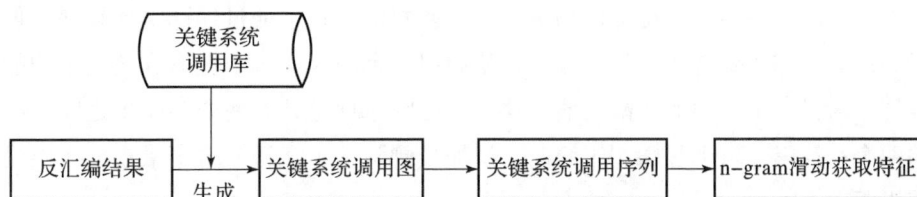

图 5 - 16　语义特征提取方法

通过对二进制开源软件和二进制恶意代码进行多维度特征提取，建立二进制开源软件特征库和二进制恶意代码特征库。

二、识别二进制文件中的开源成分

二进制文件中的开源代码成分的识别基于二进制开源软件特征库，通过对被检测二进制文件进行多维度特征提取和匹配，从而实现二进制文件中的开源成分识别。

1. 基于基本块代码序列的特征匹配方案

通过使用生物 DNA 序列相似度矩阵映射方法和评分矩阵法和思路，利用二维阵列点矩阵进行项目开发模拟，实现编译后的可执行二进制码序列相似性度量。对需要比较的二进制汇编代码序列提取汇编指令操作符，分别表示为

$$sequenceA = \{A_1, A_2, A_3, A_i, A_{lengthA}\}$$

$$sequenceB = \{B_1, B_2, B_3, B_i, B_{lengthA}\}$$

滑动窗口值设为 H，打分规则为

$$P(A_i, B_i) = \begin{cases} 1, & A_i = B_i \\ 0, & A_i \neq B_i \end{cases}$$

$sequenceA$ 和 $sequenceB$ 比对得出打分矩阵 ScoreMatrix，扫描 ScoreMatrix 得到打分矩阵非重叠平行斜线的最长组合的序列长度：

$$M[m] = \sum_{i+m=j} ScoreMatrix_{ij}, m \in [0, lengthA-1], 0 \leqslant i < lengthA, 0 \leqslant j < lengthB$$

$$N[n] = \sum_{i=j+n} ScoreMatrix_{ij}, m \in [0, lengthA-1], 0 \leqslant i < lengthA, 0 \leqslant j < lengthB$$

$sequenceA$ 和 $sequenceB$ 中出现的相同序列长度为 SC。该矩阵算法能检测出连续相同指令序列，并且能有效消除指令重排的影响，准确地得出两个指令序列的相似度。

2. 基于基本块子函数名特征的特征匹配方案

在二进制代码中，调用指令通常会泄漏一定的字符串，其中一些是由代码作者命名的，一些是系统提供的 API 接口函数的名称。通过编译链接在同一位置调用的系统函数是相同的。该项目从调用指令的操作数中提取有效的子功能名称作为另一个重要的匹配功能。这个算法的原理是计算两个字符串之间相同的两个字符串，每个步骤用于修改、添加或删除一个字符。这个最小的步骤是编辑距离 ED。

定义一个基本块 A 和一个基本块 B，分别扫描 A 和 B 基本块所有调用指令，提取出调用指令操作数是 A 的子程序名，过滤掉一个数为 8 的函数十六进制，得到 $StrA$ 和 $StrB$ 两个字符串，并且 $m > n$。$StrA$ 和 $StrB$ 可表示为

$$StrA = (m, StrA_1, StrA_2 \cdots StrA_m)$$

$$StrB = (n, StrB_1, StrB_2 \cdots StrB_n)$$

两个字符串集的相似度为

$$F_{\text{Similarity}}(StrA, StrB) = \frac{\sum_{j=1}^{n} \left[1 - \frac{Min(ED(StrA_i, StrB_j))}{MaxLengthOf(StrA_i, StrB_j)}\right]}{Min(m, n)}$$

3. 基于二进制代码常量特征的特征匹配方案

代码中的常量可分为字符串常量和数字常量。二进制代码中的常量特征与硬件平台和编译器无关。因此，可以通过提取二进制代码中的常量特征，实现与硬件平台和编译器无关的特征匹配方法。通过提取二进制开源软件中的常量

特征，建立开源软件特征库。然后，使用基于倒排索引的特征匹配方法，实现二进制代码中的开源成分分析[22]。

三、分析二进制文件安全风险

对二进制代码中的安全风险进行分析的方法有：

（1）通过匹配二进制代码的多维度特征，分析得到被检测的二进制代码中的开源软件成分及版本，通过全球级开源软件信息知识库，得到该版本开源软件的安全漏洞风险情况，从而实现安全风险分析。

（2）基于全球级开源软件风险特征库中的恶意代码特征，利用机器学习进行学习训练，得到二进制文件安全风险分析模型和规则库，通过该模型和规则库，实现对二进制文件的安全风险分析。

基于机器学习的二进制安全风险分析原理结构图如图 5 - 17 所示。

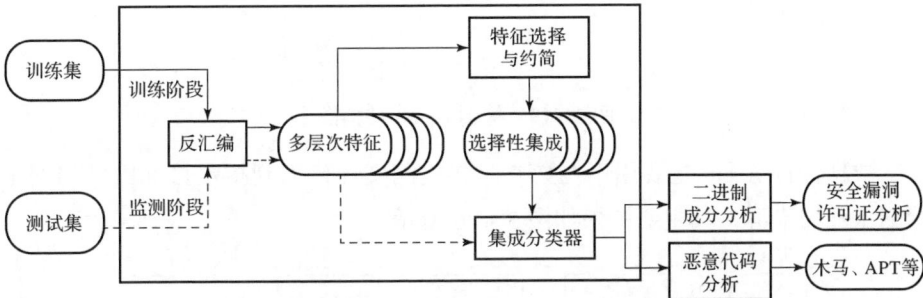

图 5 - 17　基于机器学习的二进制安全风险分析原理结构图

四、设计分布式安全检测方案

为了实现对二进制电力软件进行安全检测，对电力软件安全检测进行任务分解，按照任务分解后的功能要求，设计多种功能角色的 Agent 用于部署在安全检测目标系统中。主要设计检测 Agent、数据传输 Agent、特征提取 Agent 和决策 Agent（见图 5 - 18）。检测 Agent 用于检测目标系统中被检测的二进制文件的状态。数据传输 Agent 用于对需传输的数据进行压缩、分包发送到指定目标。特征提取 Agent 用于提取二进制文件的部分简单特征，对于复杂特征的提取，需要通过数据传输 Agent 将二进制文件进行压缩分包传输到专门的计算集群中进行计算和分析。决策 Agent 根据其他 Agent 的状态和输出，对其他 Agent 的工作状态进行管理，同时具有对二进制文件的安全风险做出分析决策的能力。

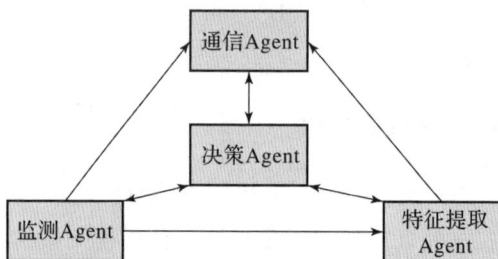

图 5 – 18   二进制文件安全检测 Agent 功能模型

检测 Agent 是二进制安全检测的数据来源，是 Agent 感知能力的基本体现。其主要结构如图 5 – 19 所示。

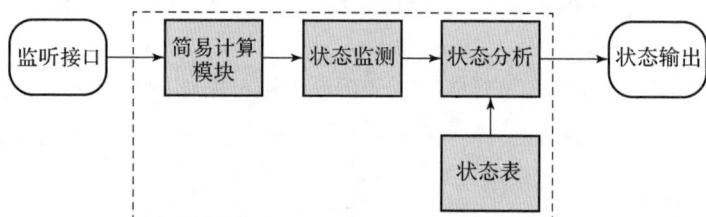

图 5 – 19   检测 Agent 结构图

数据传输 Agent 主要用于在必要时将检测文件传输到指定目标中，如安全检测服务器集群。其主要结果如图 5 – 20 所示。

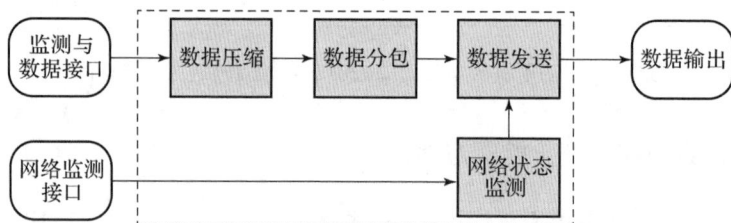

图 5 – 20   数据传输 Agent 结构图

特征提取 Agent 主要对目标二进制代码进行多维度特征提取。由于不同的目标系统计算能力差异很大，为了简化部署在目标系统的特征提取 Agent 的设计，特征提取 Agent 只进行一些简单的特征提取，如文件属性特征等。其结构如图 5 – 21 所示。

部署于检测目标系统的决策 Agent 可以对检测 Agent、数据传输 Agent、特征提取 Agent 的工作状态进行管理，并根据各个 Agent 的状态和数据输出，对二进制文件的安全性做出决策，其结构如图 5 – 22 所示。

图 5 – 21　特征提取 Agent 结构图

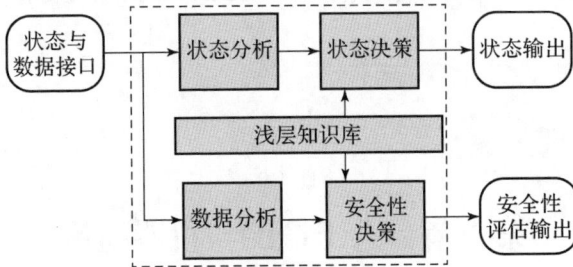

图 5 – 22　决策 Agent 结构图

　　基于 Multi – Agent 的二进制代码多维度特征的分布式数据采集与检测技术，在开源软件信息知识库和风险特征库的数据支持下，通过提取和匹配被检测的二进制代码的多维度特征和风险特征扫描，实现二进制代码中的开源软件成分识别和漏洞分析，以及被检测二进制代码的其他安全风险情况，如是否被植入恶意代码、木马、APT 等安全风险，对出现的安全风险进行警告，并提供相应的修复建议。最终实现基于二进制代码分析的电力软件安全检测技术。

第六章　电力软件供应链安全检测应用

>>>

第一节　人工检测与机器检测

人工检测和机器检测是当前进行安全检测的两种方式，因此在软件供应链的安全检测过程中这两种检测方式也是存在的。在检测过程中，人工检测和机器检测各自发挥着独特的作用，同时也存在一定的局限性。

一、人工检测

1. 人工检测的方法

（1）个人复查。个人复查是指程序员自行设计测试用例，对源代码、详细设计进行仔细检查，并记录错误、不足之处等。个人复查主要包括检查变量的正确性、检查标号的正确性、检查子程序、宏、函数、常量检查、标准检查、风格检查、比较控制流、选择、激活路径、对照详细说明书，阅读源代码和补充文档等方面的测试内容。

（2）走查。走查是指测试人员先阅读相应的文档和源代码，然后人工将测试数据输入被测试程序，并在纸上跟踪监视程序的执行情况，人工沿着程序的逻辑走查运行一遍，跟踪走查运行的进程来发现程序的错误。走查的具体测试内容包括模块特性、模块接口、模块的对外输入或输出、局部数据结构、数据计算错误、控制流错误、处理出错和边界测试等方面。

（3）会审。会审是指测试人员在会审前仔细阅读软件的有关资料，根据错误类型清单（根据以往的经验、对源程序的估计等，并在以后测试中给以丰富补充）填写检测表，提出根据错误类型要提出的问题。会审时，由程序设计人员讲解程序的设计方法，由程序编写人员逐个讲解程序代码的编写，测试人员需要逐个审查、提问，讨论可能出现的问题。会审对程序的功能、结构、逻辑和风格都要进行审定。会审的测试内容与"走查"的内容相同。

2. 人工检测的特点

（1）灵活性。人工检测人员能够根据具体情况灵活调整检测策略和方法。他们可以凭借经验和直觉，对一些复杂和特殊的情况进行判断和处理。

（2）深度理解。对于软件的业务逻辑、功能需求等方面，人工检测人员能够进行更深入的理解和分析。这有助于发现一些隐藏在表面之下的安全问题。

3. 人工检测的优势

（1）解决复杂问题。面对复杂的逻辑漏洞、业务流程中的安全隐患等，人工检测人员能够运用其丰富的经验和专业知识进行深入分析和判断。例如，在检测一款金融软件的供应链安全时，人工检测人员能够理解金融业务的特殊规则和风险，从而更准确地发现潜在的安全威胁。

（2）发现未知威胁。人工检测人员的创造力和直觉有时能够帮助发现尚未被机器检测规则涵盖的未知安全威胁。

4. 人工检测的局限性

（1）效率低下。人工检测需要大量的时间和精力，对于大规模的软件供应链检测，往往难以在短时间内完成全面检测。

（2）主观性和不一致性。不同的检测人员可能会因为个人经验、知识水平和主观判断的差异，导致检测结果的不一致。

（3）易疲劳和出错。长时间的检测工作容易导致检测人员疲劳，从而增加出错的可能性。

二、机器检测

1. 机器检测的特点

（1）高速和自动化。机器检测能够以极快的速度处理大量的数据和代码，实现自动化的检测流程。

（2）一致性。遵循预设的规则和算法进行检测，结果具有较高的一致性。

2. 机器检测的优势

（1）大规模检测能力。能够在短时间内对大量的软件代码、组件等进行快速扫描和检测，提高检测的覆盖范围。

（2）精确的模式匹配。通过对已知安全漏洞的模式识别，能够准确地检测出与之匹配的问题。

（3）可重复性。相同的输入会得到相同的检测结果，便于对检测过程和结果进行追溯和验证。

3. 机器检测的局限性

（1）对新出现的威胁响应不足。对于尚未纳入检测规则库的新型安全威胁，机器检测可能无法及时发现。

（2）误报和漏报。由于软件的复杂性和多样性，机器检测可能会产生误报（将正常情况误判为安全问题）或漏报（未能检测出实际存在的安全问题）。

（3）缺乏上下文理解。机器检测往往难以像人类一样理解软件的业务上下文和用户需求，可能会忽略一些与业务逻辑相关的安全问题。

三、人工检测与机器检测的结合

采取人工检测与机器检测相结合的方式，可以优势互补。

（1）机器检测进行初步筛查。利用机器检测的高速和大规模处理能力，快速发现可能存在的安全问题，为人工检测缩小范围。

（2）人工检测深入分析。对于机器检测发现的疑似问题，以及一些关键和复杂的部分，由人工检测人员进行深入的分析和判断，以确保检测结果的准确性。

例如，对某大型企业的软件供应链进行安全检测，首先使用机器检测工具对其大量的软件代码和组件进行快速扫描，发现了数千个疑似安全漏洞。然后，人工检测团队对这些疑似漏洞进行逐一分析和验证，最终确认了其中的数百个真实漏洞，并对其进行了分类和评估。在这个过程中，机器检测的高效性和人工检测的准确性得到了充分的结合，有效地保障了软件供应链的安全。

在软件供应链安全检测中，人工检测和机器检测各有其不可替代的价值。人工检测的灵活性和深度理解能力，与机器检测的高速、大规模处理和一致性优势相结合，能够为软件供应链提供更全面、准确和高效的安全保障。随着技术的不断发展，两者的协作将不断优化，为应对日益复杂的软件供应链安全挑战提供更有力的支持。未来，我们应持续关注技术创新和行业发展，不断完善检测方法和策略，以确保软件供应链的安全可靠。

第二节 开源软件信息知识库和风险特征库的实现

目前电力行业业务系统众多，生产厂商不一，其研发过程中不可避免地使用一些开源软件，而其所使用的开源软件来源不一，可能是从 google code，也可能是 github，或者开源软件官网网站获取。众多的开源软件来源，对开源软件安全监测也带来了复杂性，因此有必要建立开源软件信息知识库和风险特征库，一方面，对使用的开源软件信息有一个统一的管理；另一方面，为开源软件安全监测提供风险特征库。同时，针对公司软件，研究电网软件特征，依托开源软件信息知识库和风险特征库，形成电网软件专用知识库。

一、建立开源软件信息结构

要构建开源软件信息库，首先需要确定开源软件信息的组成，开源软件信息组成主要包括软件名称、软件版本、软件组织结构、软件官网、软件源码地址、软件各文件标签、软件介绍、开源协议、使用者。

（1）软件名称：开源软件的名称，一般为英文名称，有些国内开源软件也可有对应的中文名称。

（2）软件版本：软件的版本号。

（3）软件组织结构：软件的目录组织结构。

（4）软件官网：如果该开源软件有官网则在此标出，若无则为空。

（5）软件源码地址：可能有多个地址，例如有 github 地址，sourceforge 地址等。

（6）软件各文件标签：软件版本号对应的标签。

（7）软件介绍：对该开源软件的介绍，有些会有多国语言的介绍。

（8）开源协议：软件的开源协议，主要包括 GPL、BSD、MIT、Mozilla、Apache 和 LGPL 等。

（9）使用者：国网内该开源软件的信息系统使用者。

建立开源软件信息知识库，对于多地托管的软件，根据标签、版本号等信息进行过滤，防止同一软件多次入库。对于提供 API 的托管网站，可以直接通过其提供的 API 进行获取，例如 github 提供众多 RESTful 接口，通过这些接口可以获取开源软件相关信息。

二、开源软件信息知识库构建研究

开源软件信息知识库包括该软件系统开发过程中所有的相关数据的总和，通常包括：①软件开发过程数据，如里程碑、任务细化等；②源代码数据，如软件的源代码、版本、tag、版本修改过程等；③软件相关文档，如需求文档、设计文档、测试文档、wiki 等；④开发人员交流历史，主要是开源软件的

Issues；⑤缺陷跟踪信息，如开发过程中的缺陷状态、类型、修改历史等，通过关联开源软件的 commits 可以获取相关信息。

1. 源代码演化数据抽取

软件系统的功能是源代码以模块和实体的形式编码实现的（例如函数、对象等），它们之间的相互交互实现了系统的各种需求功能。在软件系统的生命周期中，系统源代码不断的演化，各个开源软件托管平台都有记录和跟踪源代码的变化的功能，它集中关注每一个变更信息，例如执行变更的开发人员姓名，变更执行的日期，变更的详细描述信息等。

为了更好地建立开源软件信息知识库，需要建立软件中各函数之间的调用关系依赖图。开源软件托管平台仅仅把源代码看作一个个跟踪行的变更，通常不能够跟踪源代码在类、函数、数据类型和函数依赖层次的变更。

首先，需要从这些平台中抽取这些变更信息，对其进行转化，然后得到有价值的信息，目标是获得源代码实体（类、函数、变量或数据类型）层次的变更记录。这些要跟踪的详细描述为：①源代码的添加、删除或修改，例如对函数的添加或删除等；②修改实体和其他源代码实体之间的依赖变更，例如我们能确定一个函数不再使用某个变量或者一个函数现在调用了其他的函数等。

其次，跟踪源代码实体的添加、删除和修改，例如类、函数和变量等，同时也可以跟踪源代码实体之间依赖或者调用关系的添加和删除。分析这些信息，可以研究源代码的依赖演变过程和不同类型的软件维护改变。

2. 源代码变更

通过源代码抽取，可以获取源代码的函数依赖图、源代码变更历史等，然后可以建立源代码的变更模式。图6-1为源代码变更图。

3. 设计实现分布式爬虫系统

为了快速收集和建立开源软件信息知识库和风险特征库，首先设计分布式爬虫和防屏蔽措施，绕开开源网站的反爬虫功能。

分布式网络爬虫系统的主要结构上采用主从式架构，主节点为主，由主节点负责管理所有节点，由节点根据主节点分布式调度网络爬虫。爬虫需要从主节点接收任务，并将完成的结果提交给控制节点，在整个任务中不需要与其他从节点通信。主节点需要与所有节点通信。它需要一个地址列表来保存来自系统节点的所有信息。当系统中的节点数量发生变化时，主节点需要更新地址列表中的数据。分布式爬虫的物理结构如图6-2所示。

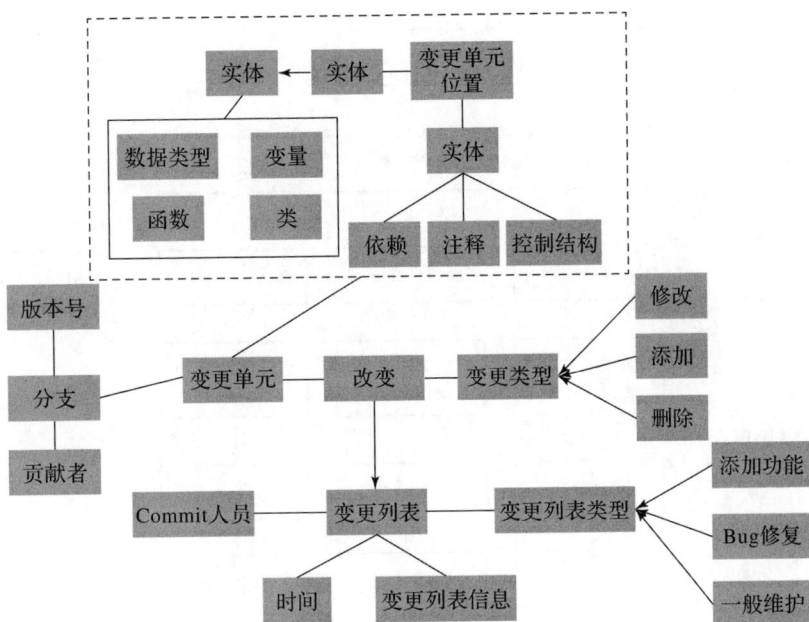

图 6 – 1　源代码变更图

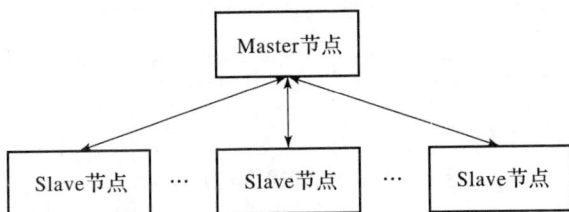

图 6 – 2　分布式爬虫物理结构图

根据图 6 – 2 所示的分布式爬虫物理结构图，为了有效地利用现有的资源，结合分布式设计思想，按照图 6 – 3 所示的逻辑结构设计分布式网络爬虫。

4. 风险特征库和知识库构建

分布式爬虫收集到的是开源软件和安全风险代码的原始信息，还需要进一步进行特征提取和训练，才能建立开源软件信息知识库和风险特征库。实现过程如图 6 – 4 所示。

将收集的开源软件源代码和二进制代码，分别进行源代码片段特征提取和二进制特征提取，利用机器学习引擎进行训练，形成开源软件分析模型和特征信息，建立开源软件信息知识库。将收集的安全风险代码（如木马、APT、Webshell 等）进行特征提取，通过机器学习引擎进行训练，形成安全风险代码分析模型和特征信息，建立风险特征库。

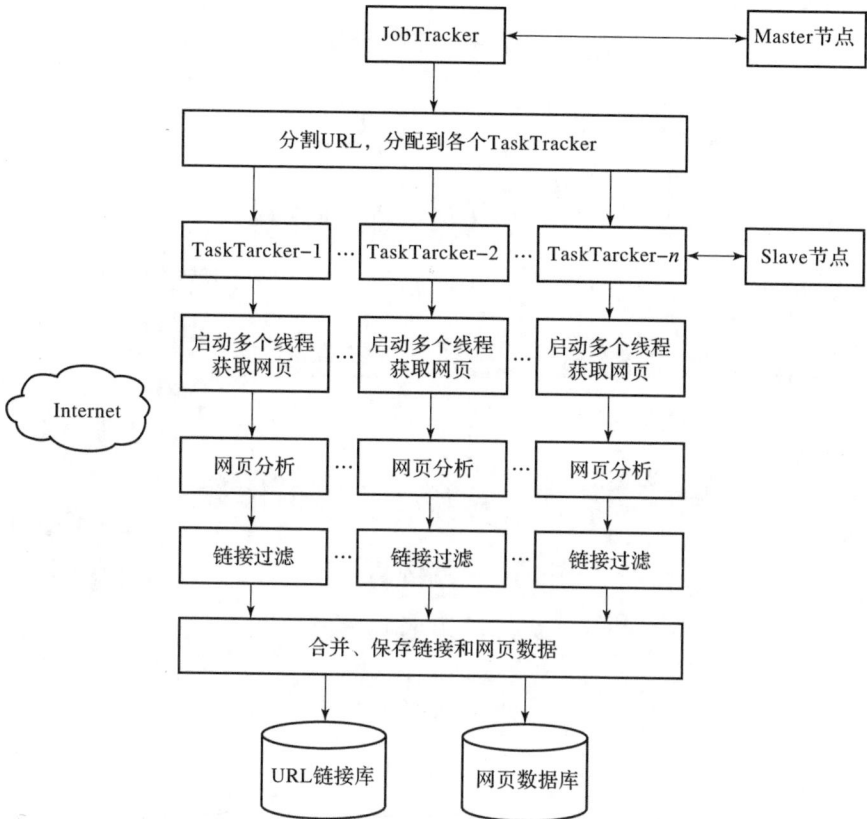

图 6-3　分布式网络爬虫结构图

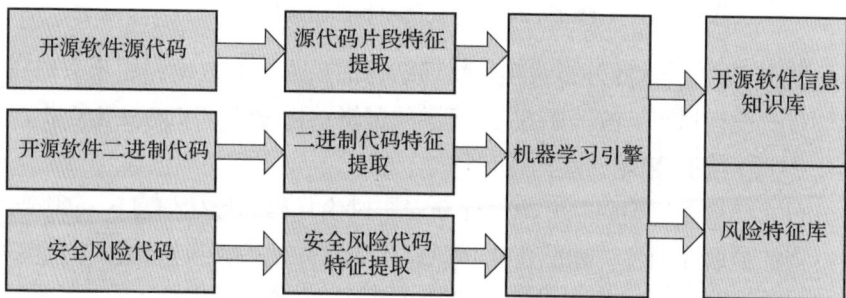

图 6-4　建立开源软件信息知识库和风险特征库的实现过程

要形成电网软件专用知识库，需要研究以下内容：

（1）电网软件与开源软件知识库逻辑结构分析。需要研究电网软件与开源软件知识库的逻辑结构以及关联关系。

1）电网软件与开源软件对应关系。建立电网软件与开源软件对应关系，也是一个知识发现过程。知识发现是知识点及其相互间逻辑关系的原始积累过程。从电网软件知识结构，以及开源软件知识库信息，构造电网软件与开源软件的内在"通道"。

2）知识库中知识点间的映射。知识库与数据库最本质的区别在于知识库中记录有大量规则，以保证能够对知识库进行更深层次的知识挖掘与提炼，这些规则通常通过能够反映各知识点之间关系的二维数组来表示。因此，从微观层面考虑知识库中存储结构的规则必须能支持二维数组的体现。

（2）电网软件风险评估模型分析。通过电网软件与开源软件知识库和风险特征库的关联关系，建立电网软件风险评估模型，自动对电网软件风险进行识别，设计出存在内在联系且按一定逻辑构成的风险评估指标，经过相关风险计算分析模型，得出相应的系统风险评估结果。

第三节　电力 Web 应用系统检测需求分析与工具设计

电力 Web 应用检测工具主要目的是实现对电力 Web 应用安全性的有效检测，通过从 Web 应用中各成分的历史漏洞情况、流行程度、更新频率、说明文档、贡献人数、补丁发布速度等维度，开展对各成分的有效评估，实现对低质量和低安全性的软件成分进行风险警告为 Web 应用的安全性评价提供有力支撑。基于以上目标需要设计一款基于现有技术基础上的，可实现对 Web 应用软件成分分析和各维度安全评价的一款安全检测系统。结合电力 Web 应用检测工具，实现对电力 Web 应用开源成分的分析，发现存在的开源漏洞以及许可证风险等信息，为电力 Web 应用安全评价提供有力支撑，提高安全检测的水平，从而提高项目研发质量。

电力 Web 应用检测工具的工作主要分为应用层的技术集成、数据层的数据收集和展示层的功能交互三个部分。结合电力 Web 应用检测工具所要实现的目标，该系统的需求分析如下。

一、功能需求

1. 应用层

（1）二进制文件分析：可以对二进制文件的成分进行分析，识别其中的恶意代码、克隆代码、成分组成、漏洞等。

（2）源代码文件分析：可以对源代码文件的成分进行分析，识别其中的恶意代码、克隆代码、成分组成、漏洞等。当前主要支持编程语言为 Java 语言的源代码文件识别。

（3）敏感行为分析：针对文件或系统可能存在的敏感行为进行识别和分析，包括打开摄像头、控制键盘、更改文件名等敏感行为。

2. 数据层

文件存储：支持典型项目文件代码库、二进制组件特征库等的大规模文件存储，由于后期项目数量巨大，需要支持分布式文件存储和快速读取。同时需要为检测的文件提供一定量和一定时间的存储。

数据存储：支持开源代码特征库和开源代码特征库的存储和读取，当前数据量较少可采用 MySql 数据库。

数据采集：用于数据更新和维护，在连接互联网的条件下，支持分布式爬虫进行数据更新和维护。在没有连接互联网的条件下，支持人工导入方法进行数据更新和维护。

3. 展示层

（1）登录注册：可实现新用户的信息添加和账号密码验证功能。

（2）用户管理：可实现对用户密码的修改和用户增加删除。

（3）文件管理：可实现需要检测文件的上传和管理，上传的文件可以是源码文件，也可以是二进制文件。并可对上传的文件进行管理。

（4）项目管理：可实现对检测项目的管理，支持删除和查看检测项目。

（5）检测结果展示：可实现对检测结果的多维度展示，包括项目文件成分、项目漏洞信息、敏感行为信息、项目克隆度信息、项目许可证信息等。

二、总体架构设计

电力 Web 应用检测工具是在综合集成已有技术成果和技术方案的基础上进行进一步优化开发，并结合分布式检测技术，实现电力 Web 应用检测工具。该工具主要分为数据层、应用层和展现层，系统架构图如图 6 – 5 所示。

数据层主要作用是数据获取与数据存储，主要包含数据采集系统、文件存储系统和基于 MySql 的开源软件信息知识库和风险特征库。应用层主要包含代码分析引擎、安全分析引擎、开源代码安全分布式检测引擎和服务调度器。展现层主要用于可视化地展现开源软件安全检测数据和结果，以及用于用户交互。

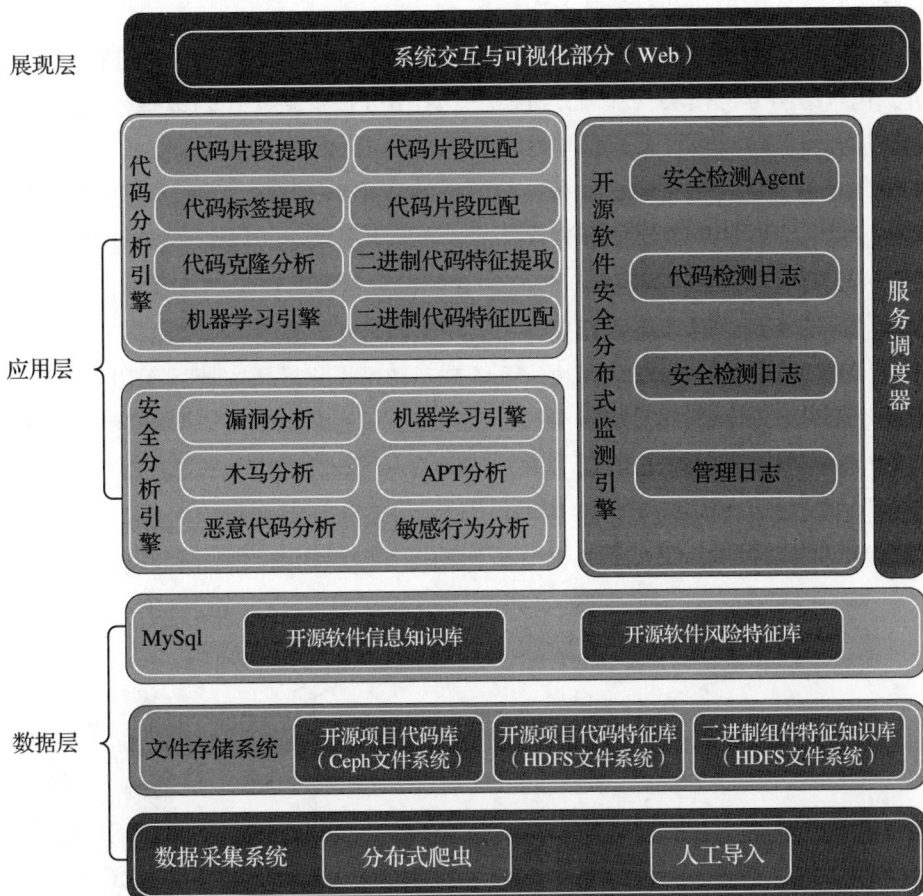

图 6 – 5　电力 Web 应用检测工具系统架构图

（1）数据采集系统。数据采集系统用于数据更新和维护，在连接互联网的条件下，可使用分布式爬虫进行数据更新和维护。在没有连接互联网的条件下，可使用人工导入方法进行数据更新和维护。

（2）文件存储系统。文件存储系统由 Ceph 分布式文件系统和 HDFS 文件系统组成，Ceph 分布式文件系统用于存储开源软件源代码，HDFS 文件系统用于存储开源软件代码特征库和二进制开源组件特征知识库。

（3）MySql 数据库。MySql 数据库用于存储的开源软件信息知识库和风险特征库，包含了开源软件和安全风险代码的各种信息和特征。

（4）代码分析引擎。代码分析引擎主要用于对源代码和二进制文件进行开源成分分析，包含代码片段提取模块、代码片段匹配模块、代码标签提取模块、代码克隆分析模块、代码标签匹配模块、二进制代码特征提取模块、二进

111

制代码特征匹配模块和机器学习引擎。

（5）安全分析引擎。安全分析引擎主要用于对代码的安全性进行识别分析，包含漏洞分析模块、木马分析模块、APT 分析模块、代码敏感行为分析模块、加密算法分析模块和机器学习引擎。

（6）开源软件安全分布式分布检测引擎。开源软件安全分布式分布检测引擎主要用于对研发过程中的开源软件进行实时和持续的安全检测，包含安全检测 Agent 模块、日志管理模块、安全与代码检测管理模块等。

（7）服务调度器。服务调度器主要用于各个应用服务的调度。

（8）系统交互和可视化模块。系统交互和可视化模块主要用于用户交互和数据展示。

三、应用架构设计

电力 Web 应用检测工具基于 B/S 架构，其应用架构如图 6 - 6 所示。

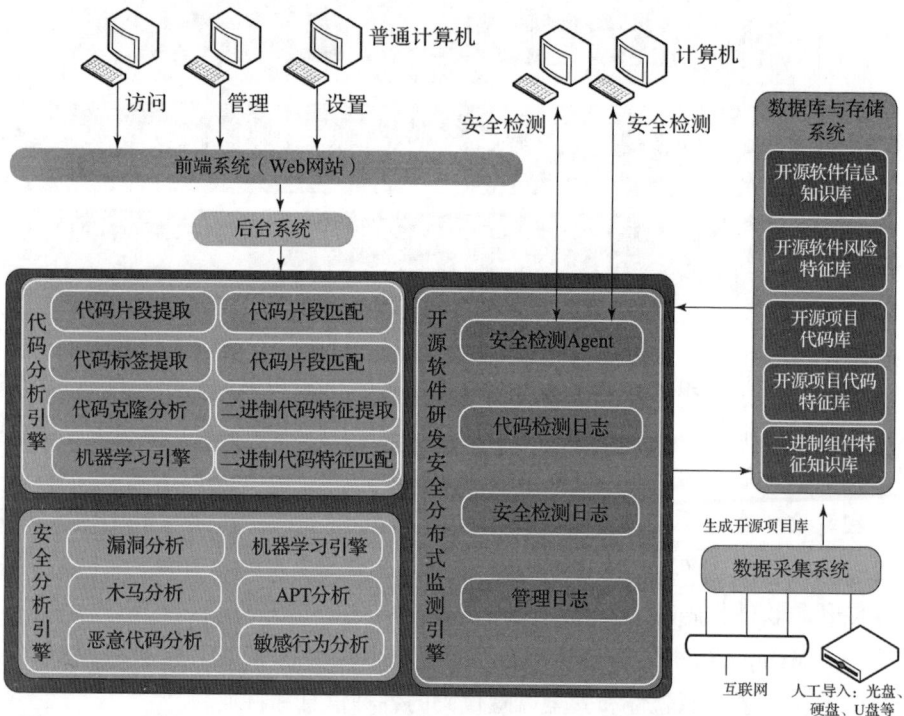

图 6 - 6　电力 Web 应用检测工具应用架构图

电力 Web 应用检测工具的设计采用微服务架构，每一个功能和检测算法都设计为独立的微服务模块，通过 HTTP RESTFul API 进行通信。

普通用户通过浏览器对本系统进行访问，本系统通过开源软件安全分布式检测引擎对研发计算机进行安全检测，将安全检测 Agent 部署到研发计算机中，当研发计算机中引入新的代码，安全检测 Agent 采集先代码信息，并传输到代码分析引擎和安全分析引擎中进行分析，及时发现出现的开源软件安全问题。

在有互联网连接时，电力 Web 应用检测工具可通过互联网进行数据更新和维护。在没有互联网连接时，可通过光盘、硬盘和 U 盘等存储设备进行人工导入更新。

四、数据架构设计

电力 Web 应用检测工具的数据架构图如图 6-7 所示。

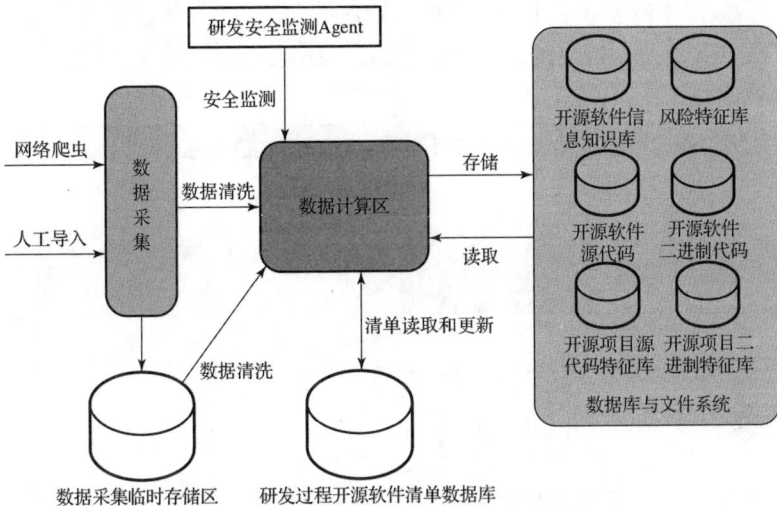

图 6-7 电力 Web 应用检测工具数据架构图

数据采集临时存储区用于存储数据采集时未进行数据清洗的原始数据，数据清洗后系统会将数据采集临时存储区的相应数据删除，清洗后的数据送入数据计算区进行计算。

数据库与文件系统包含开源软件信息知识库、风险特征库、开源软件源代码、开源软件二进制代码、开源软件源代码特征库和开源软件二进制代码特征库。已清洗的数据或者安全检测 Agent 采集的数据，经过数据计算区计算，计算结果将被存储到对应的数据库中。

安全检测 Agent 采集的数据，经过计算、匹配后发现开源软件有变化时，更新研发过程开源软件清单数据库。

五、部署架构设计

采取基于 Multi – Agent 的分布式安全检测方案，将电力 Web 应用检测工具部署到 G 企业研发环境中，部署架构图如图 6 – 8 所示。

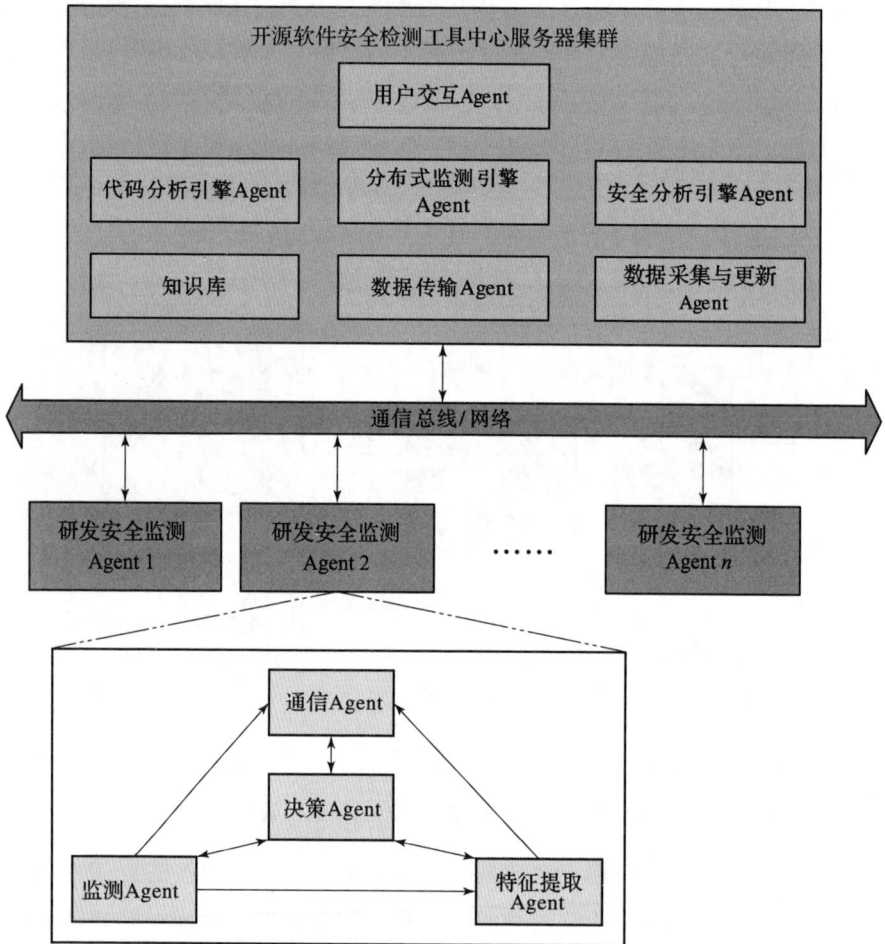

图 6 – 8　电力 Web 应用检测工具部署架构图

安全检测 Agent 部署于研发环境中（如研发计算机），各个安全检测 Agent 通过通信总线或者内部网络与电力 Web 应用检测工具中心服务器集群进行数据交互。电力 Web 应用检测工具中心服务器集群对所有安全检测 Agent 进行任务分配和管理，同时，承担安全检测中的复杂计算和分析，以及用户交互的职责。

电力 Web 应用检测工具的运行框架图如图 6－9 所示，安全检测 Agent 分布在各个安全检测目标系统中，通过持续检测，将检测数据传输并存储到数据库中，经过多维度特征提取和特征匹配分析，对被检测系统的开源软件安全风险情况、开源软件成分及许可证情况进行识别分析。

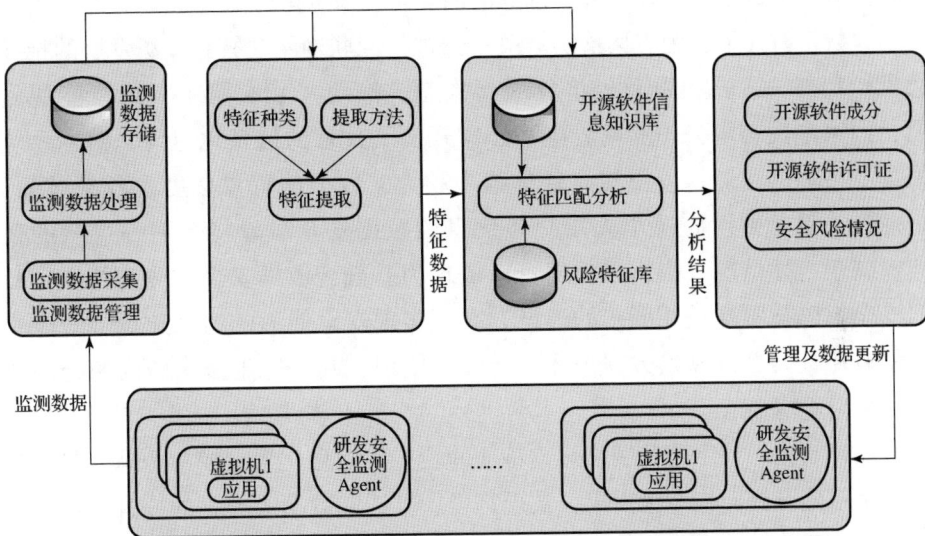

图 6－9　电力 Web 应用检测工具运行框架图

第四节　电力物联网应用检测需求分析与工具设计

随着物联网技术蓬勃发展，海量的设备连接、多样化的业务类型、差异化的业务特征以及不同的服务质量需求。海量终端设备的安全防护能力普遍薄弱、设备接入的异构性以及设备间通信的复杂性等给终端设备安全防护带来了极大挑战。近年来，针对物联网新型终端（如边缘物联代理，能源控制器，智能网关，智能融合终端）等物联网终端设备的安全事件频发，若无有效的安全验证技术，保障新型智能终端的供应链安全，一旦这些终端设备被破坏、控制或攻击，不仅影响应用服务的安全稳定，导致隐私数据泄露、生命财产安全受损，更会危害网络关键基础设施，威胁国家安全。

基于边缘侧本地组网的通信协议繁多，例如 zigbee、Blutooth 和 wifi 等协议，协议本身会存在一定的脆弱性、标准符合性、明文传输等安全风险，需要对其进行入网安全检测。现有的物联网按检测手段缺乏相应的自动化检测工具，无法对新入网的电力物联网通信协议开展入网安全检测工作，而未经验证的边缘测通信协议直接入网存在传输数据被窃取等安全问题。针对上述问题，搭建边缘复杂协议安全检测及验证环境，对拟接入到网络中的物联网终端无线设备通信协议标准符合性，运行频率，信号覆盖范围，通信是否加密，通信报文解析等方面进行安全性验证，确保电网安全、稳定运行。

大数据时代下，为贯彻落实《关于推进"互联网＋"智慧能源发展的指导意见》精神，适应和引领经济发展新常态，推动"互联网＋"智慧能源发展，国家电网有限公司和南方电网公司开展了大量的信息化建设，信息系统采集、传输、存储、使用的信息量越来越大，数据的重要程度也越来越高，企业、关键基础设施及个人用户等信息的数据安全风险将会面临严峻的挑战。基于上述情况，提出以数据资产梳理为基础、数据安全监测为核心，数据安全保障技术建设相同步的建设方案，实现安全能力的精准建设，安全水平的有序提升，以满足数据采集、传输、使用、共享等生命周期内的合规要求，保障业务安全。

以智能化、数字化和网络化为特征的新一代信息化建设成为全球趋势。现有数字基础设施面临升级需求，实现算力、算法和数据等要素的提升，从而推动业务的智能转变。作为数字化转型的底层支撑，新基建必将加快传统产业数字化转型，推动实现产品创新、供应链优化、业务模式创新和提升用户体验的数字化目标。信息化架构现代化转型的深入，为应用提供了高效的开发、测试、部署环境，同时因为特征属性的变化，而引入了新的暴露面，给企业安全体系建设带来全新的挑战。应用交付生命周期中，从需求导入、代码审计、开发测试到部署上线，安全需要持续存在以及发挥能效，且安全资源完成软件化、组件化、服务化改造，以便结合 DevSecOps 的自动化手段，实现从代码到应用的全流程安全介入，增强业务应用的安全性。

面对日益严峻的关键信息基础设施供应链安全风险隐患，急需稳步推动其供应链安全保障能力的建设，从监管维度、产业维度、测评维度构建多位一体的防护手段，积极推进标准规范建设、稳步推动技术创新、扎实落实审查评估工作，完善关键信息基础设施供应链安全生命周期的网络安全防护。

通过开展物联终端应用安全检测，秉承"安全向左移"，将物联网设备安全事件风险缓解在初始阶段，提升厂商的产品生产质量，促进行业有序发展。运用半自动或全自动检测技术，降低人工对多种类终端，多样性协议，多业务数据的检测成本，保障检测的快速有效，并形成标准化流程。拥有插件化开放架构，支持第三方插件应用的接入，在扩展平台的综合检测能力的同时，也充分运用企业以往的优秀的安全检测插件，在减少成本的同时，也促进了安全检测体系建设并能够有效保证技术的先进性。

一、物联网终端安全检测平台

检测物联网终端安全检测的关键在源头，由于需求，设计，开发阶段中存在安全缺陷和漏洞，把问题拦截在部署前甚至采购前。降低终端在运行层由于安全缺陷和威胁漏洞引发的排查和修复成本。提升物联网安全可信环境建设能力，促进供应链安全体系构建，从而保障在物联终端安全检测平台实施过程中，为了更好地提供平台的支撑服务，采用分层架构设计，将架构分为服务层、应用层、组件层、技术层四层（见图6－10）。

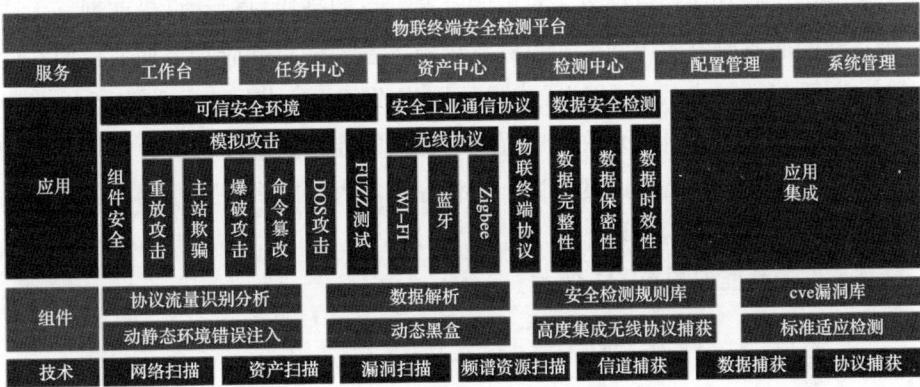

图6－10 供应链安全平台系统架构

1. 服务层

服务层主要面向用户提供安全检测执行与管理服务，通过平台化的管理，对安全检测进行管理，突出检测的执行与用户体验。

2. 应用层

应用层主要为服务层提供检测能力，应用层将服务层公共需求进行统一应用集成，将主要技术专注于核心领域，同时应用层提供服务层所需的关键环境，提供领域环境集成中转。

3. 组件层

组件层主要提供应用层所需的组件支撑能力，为应用插件提供核心的组件引擎。

4. 技术层

技术层主要提供底层数据获取与相关信息获取能力的技术，通过技术层能力为组件层提供原始的数据或其他支撑。

二、功能设计

1. 模拟攻击

基于自动化测试技术，对 5G 终端进行扫描与识别，通过内置规则库于策略对 5G 终端执行 DoS 攻击、爆破，主站欺骗，重复攻击，命令篡改等维度进行模拟攻击。基于模拟攻击模型对模拟结果进行分析，通过 5G 终端安全测试装置进行可视化展示。

（1）DoS 攻击检测。DoS 攻击是指故意的攻击网络协议实现的缺陷或直接通过野蛮手段残忍地耗尽被攻击对象的资源，目的是让目标计算机或网络无法提供正常的服务或资源访问，使目标系统服务系统停止响应甚至崩溃，而在此攻击中并不包括侵入目标服务器或目标网络设备。这些服务资源包括网络带宽，文件系统空间容量，开放的进程或者允许的连接。这种攻击会导致资源的匮乏，无论计算机的处理速度多快、内存容量多大、网络带宽的速度多快都无法避免这种攻击带来的后果。

DoS 攻击流程如图 6 – 11 所示。

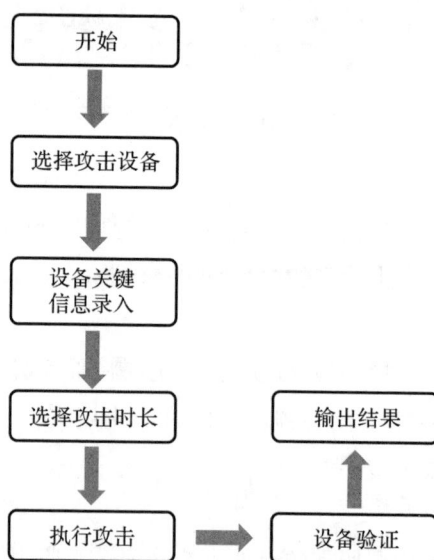

图 6 – 11　DoS 攻击流程

基于发现的终端，选择终端进行攻击检测，通过对设备端口，网卡设置，定时对终端 DoS 攻击，每秒 10 万次，并对终端攻击的关键参数进行分析，验证 DoS 攻击在设备上的体现。

（2）爆破攻击检测。资产爆破攻击检测主要针对 5G 终端开放的端口服务进行攻击检测，包含 SSH、IEC 60870 – 5 – 101、IEC 60870 – 5 – 104、DL/T 451—91 循环式运动规约、DNP3.0 等多种协议进行爆破。

爆破攻击检测流程如图 6 – 12 所示。

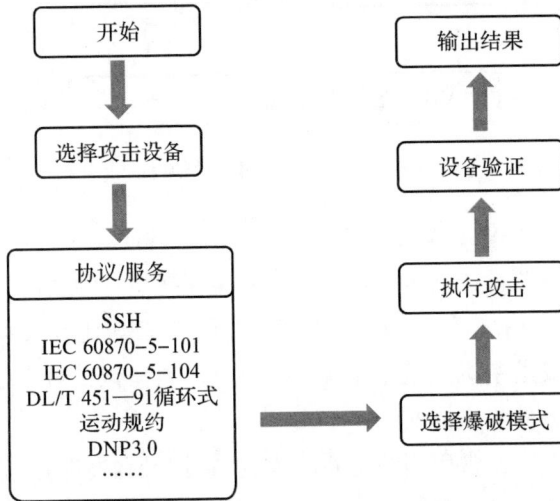

图 6 – 12　爆破攻击检测流程

（3）主站欺骗检测。ARP 攻击就是通过伪造 IP 地址和 MAC 地址实现 ARP 欺骗，能够在网络中产生大量的 ARP 通信量使网络阻塞，攻击者只要持续不断地的发出伪造的 ARP 响应包就能更改目标主机 ARP 缓存中的 IP – MAC 条目，通过欺骗局域网内访问者 PC 的网关 MAC 地址，使访问者 PC 错以为攻击者更改后的 MAC 地址是网关的 MAC，导致网络不通。此种攻击可让攻击者获取局域网上的数据包甚至可篡改数据包，且可让网络上特定计算机或所有计算机无法正常连线。主站欺骗检测流程如图 6 – 13 所示。

5G 网络中会大量运用 5G 网关/CPE，通过检测装置伪造主站，验证 5G 终端抗伪主站鲁棒性。

（4）重发攻击检测。重放攻击又称重播攻击、回放攻击，是指攻击者发送一个目的主机已接收过的包，来达到欺骗系统的目的，通过捕获设备通信的数据包，对终端进行数据重发，并验证设备的响应情况。

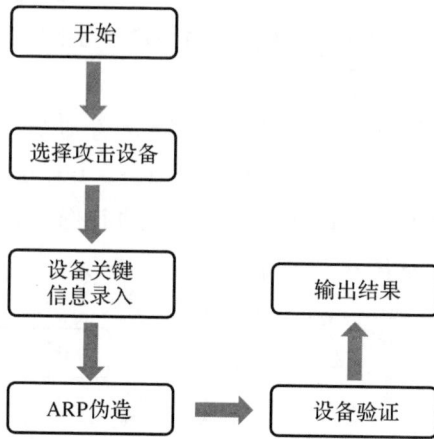

图 6 – 13　主站欺骗检测流程

基于多种通信协议（常规协议，工控协议 Modbus、S7、OPC 等），对终端通信数据捕获，并执行数据包重发攻击，并验证终端对伪发包的响应情况。

（5）命令篡改检测。攻击者利用网络监听或者其他方式盗取命令认证凭据，篡改后重新发送主机。通过捕获设备通讯的数据包，对终端进行命令篡改重发，并验证设备的响应情况。

例如石油行业中，常用到的是 dcs（模拟量记录和处理），石油行业用得最多的是压力温度流量的检测记录，通过对 dcs 通信协议（通常为 Modbus 协议）上报数据进行篡改（如管压、温度等），验证终端健壮性。

2. 模糊测试

基于自动化测试技术，对目标程序输入随机字符串并观察程序是否异常。其核心思想是自动或半自动的生成随机数据输入到一个程序中，并监视程序异常，如崩溃、断言（assertion）失败，以发现可能的程序错误，比如内存泄漏。

进行模糊测试的首要条件就是需要大量的测试用例，可以基于变异，也可以基于协议规范。一般对协议进行模糊测试依据协议规范即可。如图 6 – 14 所示整个过程分为：①根据协议控制规范或者捕获工业控制网络协议数据流来构造正常的数据包；②分析正常协议的字段及其重要性；③根据分析的协议中不同的数据类型，设计有效地变异策略；④设计并实现工业控制网络协议数据包发包工具；⑤设计并实现异常监视器；⑥采用发包工具，将畸形数据包发送给被测工控目标；⑦通过监视器探测被测工控目标异常数据记录。

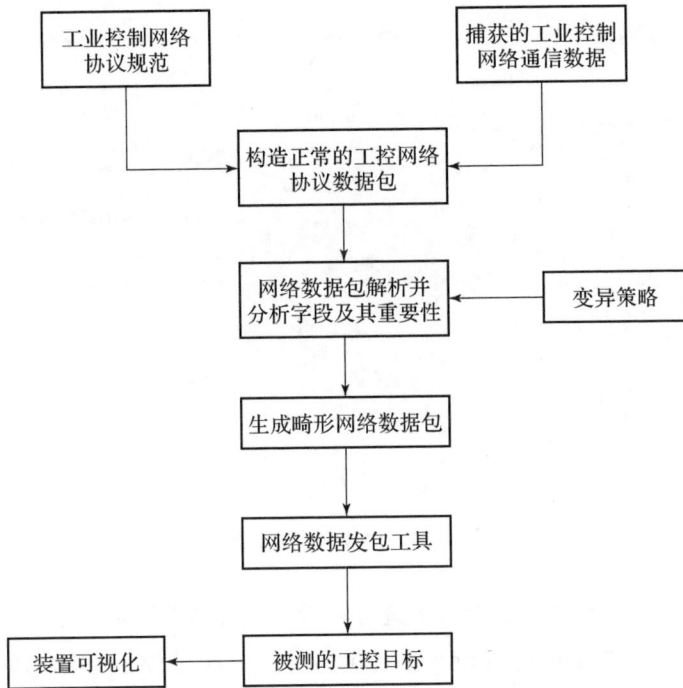

图 6 – 14　模糊测试流程图

3. 协议安全检测

针对物联网终端存在的通信协议分析安全风险，通过对通信协议安全性检测及验证环境，对拟接入到网络中的物联网终端无线设备通信协议标准符合性，运行频率，信号覆盖范围，通信是否加密，通信报文解析等方面进行安全性验证，确保网络安全、稳定运行。主要通过信道捕获、数据感知、数据分析等几个功能实现协议的安全分析，具体检测界面设计如图 6 – 15 所示。

信道捕获：支持 zigbee、wifi、蓝牙的全频段数据捕获，例如 zigbee 包括2.4GHz、868MHz 和 915MHz，zigbee 设备在运行时，多数情况下会处于低功耗休眠的状态，难以对信道数据可控制性捕获，无线分析仪通过对通信信息进行嗅探，测试人员通过灵活化方式辅助测试人员获取更多的有效数据，这是分析数据的基础。

数据感知呈现：在数据捕获的前提下，对数据进行可视化的呈现，包括每个信道捕获的数据包数量统计、数据大小统计、支持 pcap 格式导出。另外，对捕获的数据包进行筛选，并对有效数据进行上报呈现。

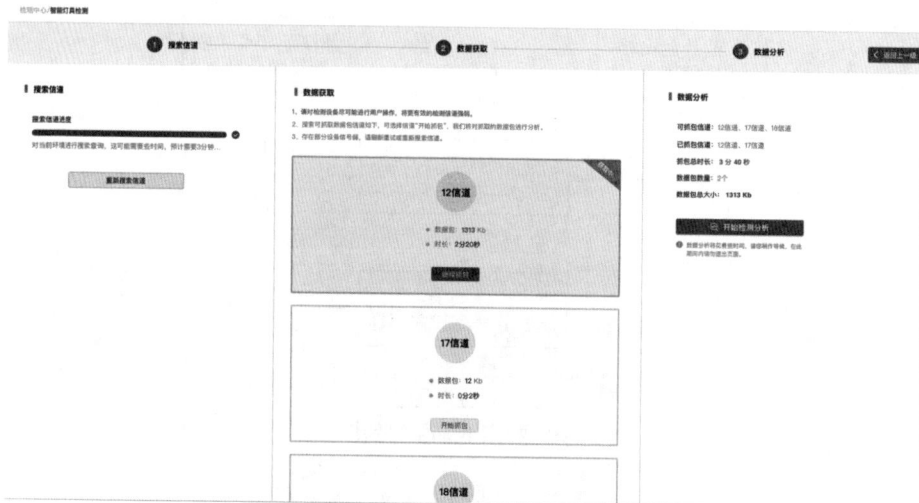

图 6－15　协议安全测试界面

数据分析：支持对捕获的数据进行解析，包含捕获数据的信道、数据包类型分析、数据包加密情况分析、密钥类型分析、测试设备目标 MAC 短地址、测试设备源 MAC 地址分析以及基本信息筛选展示等。

4. 组件安全性检测

基于组件（特别是第三方组件的使用）的软件开发技术的出现，大大提高了软件开发的效率。组件技术的基础是存在大量的组件，因此，组件的可靠性和安全性就显得尤为重要。然而不同于传统的软件模块，组件以第三方复用为目的进行开发，多数情况下源代码不可见。

采用的方法是利用错误注入技术，动态执行分析，全面模拟各种漏洞攻击。在组件运行之前，通过静态的错误注入，构造恶意的输入数据，对组件接口参数进行自动"崩溃"；在组件执行期间，通过动态的错误注入，故意扰动环境状态，触发组件潜在的安全漏洞。针对不同的时机，选择不同的错误注入检测模式，从而达到有针对性地高效率测试组件安全漏洞的目的。

5. 5G 切片隔离测试

5G 网络切片隔离及应用安全测试装置，是一个自动化检测 5G 网络切片安全隔离的装置。该装置通过自动化的方式从 5G 网络切片的无线接入网侧、承载侧、核心侧全链节多维度建立隔离测试模型。

基于频谱资源扫描技术，通过 5G 射频装置对网络切片发现在无线接入网侧的无线频谱资源以及基站处理资源的频谱进行扫描，从分配专用频谱带宽的物理逻辑隔离角度，对频谱资源和基站处理资源隔离进行安全检测验证；基于承载安全逻辑隔离型测试技术，对5G网络切片标识的唯一性和不同切片数据映射封装的标签安全性进行分析，实现承载安全逻辑隔离型测试；基于5G核心网虚拟化基础设施构建，为了确保一个切片的异常不会影响到其他切片，通过切片间互访测试技术和切片内隔离测试技术对软切片内终端之间的隔离性、软切片之间的隔离、硬切片之间的隔离性进行安全测试，并通过分权分域实现切片安全隔离测试的管理和编排；基于接入认证仿冒和非法访问等机制，对国内网络切片遭受来自外部的攻击时，切片网络和终端用户之间的安全隔离性、切片网络和行业应用之间的访问策略的合理性、切片安全环境合规性等进行测试。

如图6-16所示，5G切片隔离测试分为无线接入网隔离测试、承载网、核心网隔离测试、电力行业应用测试、互联网联通测试等。

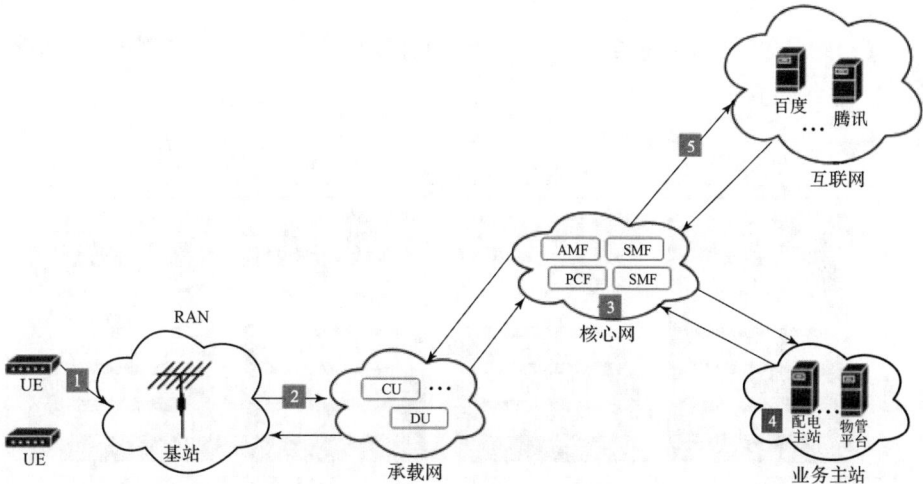

图6-16 5G切片隔离测试

（1）无线接入网隔离测试：各切片在无线接入网中进行隔离测试，如图6-16所示，终端到基站连联通性。

（2）承载网隔离测试：承载网侧独占模式、共享模式下切片的隔离测试，基站到承载网，不同切片间的隔离测试。

（3）核心网隔离测试核心网网元隔离、共享测试，核心网网元之间的隔离测试。

（4）电力行业应用隔离测试：核心网侧内应用的隔离，业务主站中配电主站、物管平台的切片隔离。

（5）互联网联通测：切片内（接入网、承载网、核心网）与互联网的隔离，互联与和核心网的联通测试。

5G网络切片隔离及应用测试装置内置系统检测框架如图6-17所示，分为4个层面，主要是前端UI、网络切片隔离检测模块、检测管理模块以及系统管理模块。

（1）前端UI包括Html、Less、Typescript、Antd-angular、Angular、Echarts等。

（2）网络切片隔离检测模块包括无线接入网隔离检测、切片间隔离检测、行业隔离检测、互联网隔离检测，每个模块基于5G网络切片的特性进行隔离检测。

（3）检测管理模块包括对任务的管理、下发、进度展示等以及结果的查询等。

（4）系统管理模块包含装置的系统检测模块，任务中心、检测中心、审计日志、系统设置等。

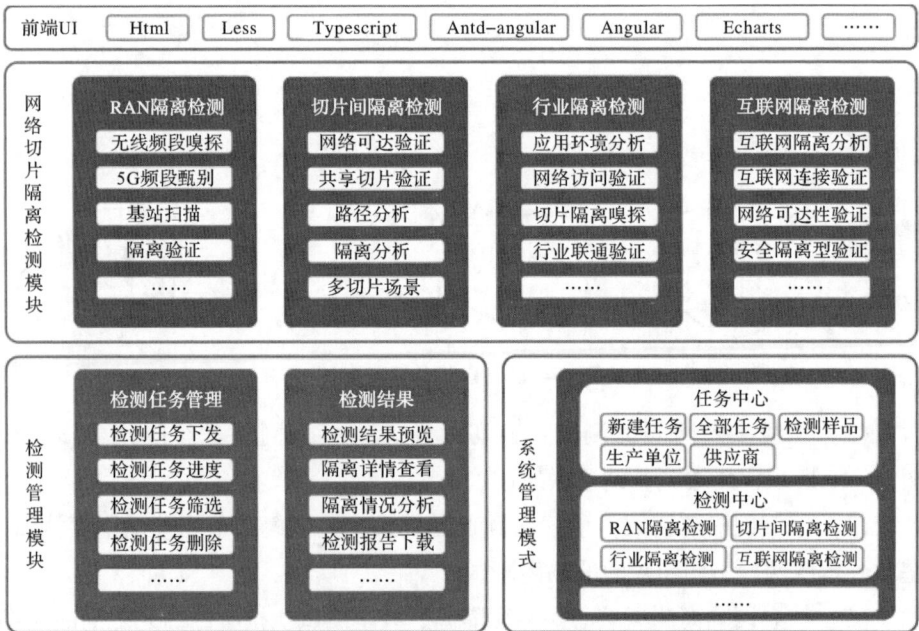

图6-17　5G网络切片隔离及应用测试装置内置系统检测框架

如图 6 – 18 所示用户依据检测切片隔离特性进行配置，通过装置检测平台建立检测任务，检测网络切片的各个路径模块，基于接入网、承载网、核心网的特性进行隔离检测，分为无线接入网隔离检测、切片间隔离检测、行业隔离检测、互联网隔离检测四个模块。在这个过程中，对检测模块的隔离安全性进行联通检测。

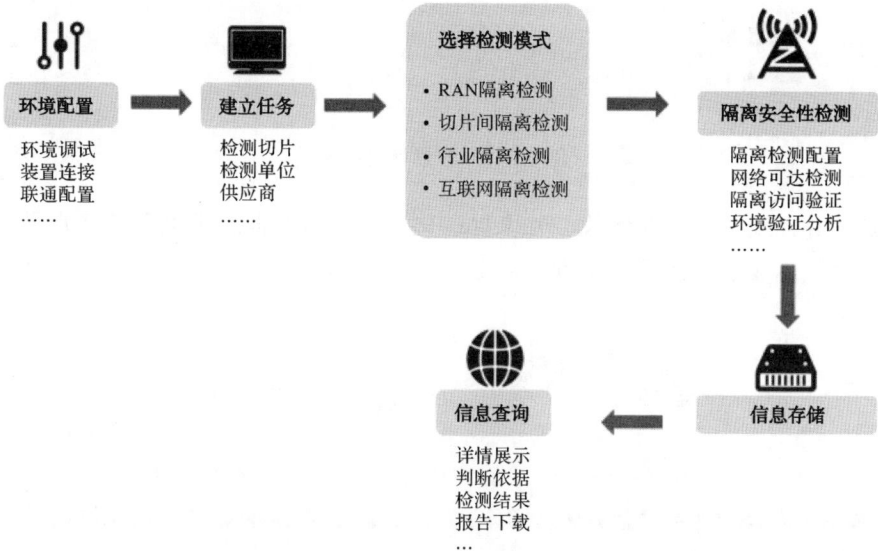

图 6 – 18　5G 网络切片隔离测试流程

（1）无线接入网隔离测试。检测 5G 网络切片无线接入网（无线）资源的隔离。

1）基站嗅探。基于频谱资源扫描技术，通过检测装置对网络切片在无线接入网侧的无线频谱资源以及基站处理资源的频谱进行扫描，嗅探切片无线接入网侧基站环境。

2）联通检测。对基站环境进行分析，联通访问基站，并对联通情况进行分析，多次联通比对，通过对联通无线频谱进行分析验证，判断切片无线接入网侧隔离情况，如图 6 – 19 所示。

3）联通分析。在切片内，UE（终端）连接无线接入网侧设备，拥有其权限，与其连接会保持同一信道、频段或相近信道、频段持续连接。

通过 5G 网络切片隔离及应用安全测试装置，多次联通无线接入网通信链路上基站接收设备，分析记录其一段时间内联通基站的频谱（见图 6 – 20），当前所测试切片无线接入网侧频段为移动运营商建设 2515 ~ 2675MHz 频段，多次

图 6 – 19　联通检测结果

联通切片无线接入网侧频段，并未保持同一信道、频段，那么则该切片外 UE 数据访问不成功，即隔离成功。

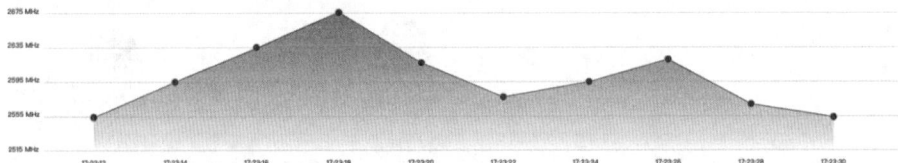

图 6 – 20　联通分析结果

（2）切片间隔离测试。为了确保一个切片的异常不会影响到其他切片，通过切片间互访测试技术和切片内隔离测试技术对软切片内 UE 之间的隔离性、软切片之间的隔离、硬切片之间的隔离性进行安全测试。

1）路径嗅探。主要包括切片间的路径嗅探，对 5G 网络切片的传输链路可视化呈现，识别路径标识性特征。

2）切片间网络可达检测。基于 5G 网络切片的承载侧，对于软隔离方式，基于现有的网络机制，对网络切片标识的唯一性和不同切片数据映射封装的 VLAN 标签安全性进行分析，实现承载安全逻辑隔离性测试；对于引入 FlexE 分片技术的硬隔离方式，在时隙层面对将以太网端口划分为多个以太网弹性管道的调度进行安全验证，实现承载安全物理隔离性测试。

3）联通分析。对切片间路径进行分别联通，通过联通分析，判断切片间的共享切片与独享切片路径是否符合相关建设，可获取切片路径上资源共享部分，切片独占部分，与切片实际相比较，检测切片内网络可达性，访问隔离情况等，如图6-21所示。

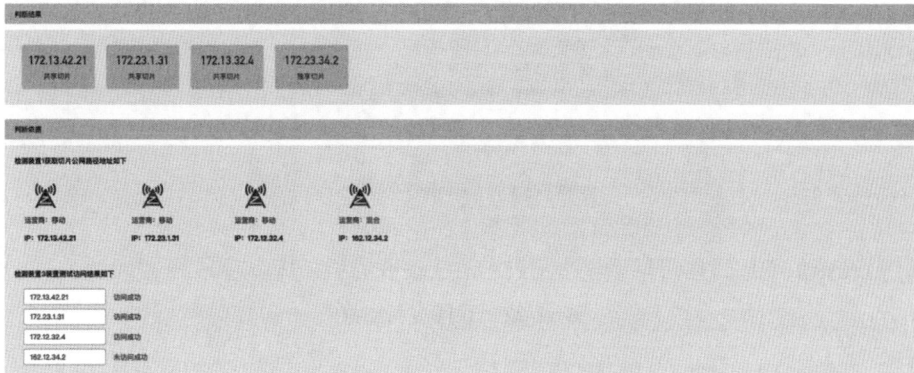

图6-21　切片间隔离测试结果

（3）电力行业应用隔离测试。

1）行业应用识别。依据5G网络切片建设对行业应用场景划分，对切片应用形式进行配置识别，根据行业场景进行安全检测，支持多切片场景识别检测。

2）应用可达测试。基于很多不同网络功能构成的5G核心网，网络功能可能为切片专用或切片间共享，通过身份验证伪造等方式，对处于不同安全域的网络应用进行切片内应用网络可达性、切片间应用网络可达性、非法访问等网络功能隔离安全防护机制合理性和非法访问控制程度进行测试。

3）联通分析。通过电力5G网络切片隔离及应用安全测试装置每个UE相互交叉访问验证其所在切片网络可达性，网络功能隔离安全控制等。如图6-22所示。

4）互联网隔离测试。5G切片环境与互联网间的网络可达性，通过与互联网资源的联通访问，对切片与互联网的隔离性进行安全性验证。

联通多个互联网资源，验证与互联网资源的隔离情况。通过电力5G网络切片隔离及应用安全测试装置，对互联网资源进行多次访问验证。

6. 固件安全检测

物联网固件安全检测是指对物联网设备中固件的安全性进行检查和评估的

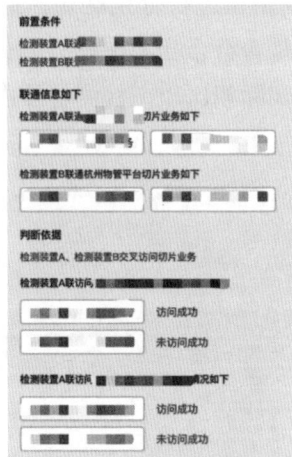

图 6 – 22　联通分析结果

过程。固件是嵌入在物联网设备硬件中的软件程序，它直接控制着设备的基本操作和功能。对其进行安全检测的目的是识别固件中可能存在的安全漏洞、恶意代码、配置错误等风险因素。我们针对物联网固件的特点和已有检测方法对该功能进行了设计。

（1）主要存在以下优势和特点。

1）检测设备多样性。目前市场绝大部分安全审计类产品不支持嵌入式系统和裁剪、定制的系统，针对物联网设备无专项的技术支持，对各种嵌入式系统有优异的支持能力，支持 Linux、Android 等常见系统格式，支持 x86/x64、arm/arm64、mips、powerpc 等常见系统架构，并对系统没有任何依赖，在任何裁剪过的系统上均能运行。固件增强模块支持分析各类格式的固件。

2）针对嵌入式系统的审计规则。基于在物联网安全、移动安全、智能网联汽车安全领域丰富的渗透测试经验，结合嵌入式系统的特性，总结嵌入式系统常见攻击面与漏洞匹配模式，沉淀出实用且适合于嵌入式系统的规则。

3）基于文件的审计方式。过去的系统基线审计大部分都是根据执行系统相应指令的结果来进行判断的，审计方式是搜集所有需要的关键系统文件，然后利用 unix 类系统一切皆文件的思想，对收集的文件进行相应的处理来完成审计，这种审计方式的好处在于可以适应千奇百怪的嵌入式系统，不会因为系统的一些特性导致审计功能失效。

4）更全的审计范围：根据系统的威胁建模来对整个系统所有模块进行安

全审计，并且在基础安全审计的基础上，还添加了已知 CVE 扫描、进程保护检查、潜在攻击链分析、License 检查等诸多更高级的功能，确保所有的风险点均有相应的审计。

5）合规性验证：依托全面的审计范围，全面覆盖 WP.29 法规中列举的安全风险基线，支撑产品安全开发及供应链安全管理流程中关键环节。还会持续跟进物联网等领域合规检查，助力客户合规管理。

6）漏洞和系统管理平台：除了有系统安全基线的审计功能以外，所有审计发现的漏洞和问题均有详细的文档修复支持，并且作为一个信息搜集的平台，可以像系统快照一样保存下当前系统的所有关键性信息，以及发现的漏洞也有相应的管理机制。

（2）固件检测核心流程。如图 6 - 23 所示针对主要审计对象为嵌入式系统或固件/镜像，无需源码。对于固件/镜像，直接上传固件包或镜像文件即可自动分析；对于嵌入式系统，模块配有数据采集程序 collector，可以自动采集目标系统的动静态信息，将采集的信息文件上传可自动分析。自动对上传的文件进行安全分析，包含安全基线审计、软件成分分析和自定义审计。最终输出审计报告、威胁攻击链、风险等级、风险位置、修复建议等信息，还可在平台Web 界面上进行资产管理、版本追踪、项目管理。

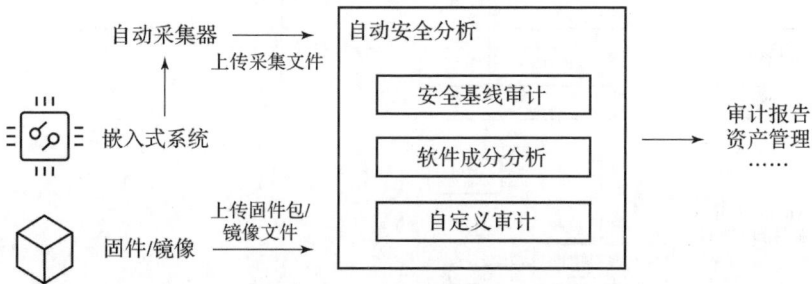

图 6 - 23　固件检测核心流程

（3）模块架构。固件安全检测功能主要分为数据准备模块、分析审计引擎、管理平台服务器三个大的模块，三个模块相互解耦，均可以独立运行。其中数据准备模块主要为一个数据采集程序 collector，其可以在任意 Linux 机器上运行用以采集目标系统数据，除系统采集，还支持一键上传固件或镜像；分析审计引擎主要负责解析结构化数据并进行审计；管理平台服务器主要负责给用户提供 Web 页面数据展示。具体的架构图如图 6 - 24 所示。

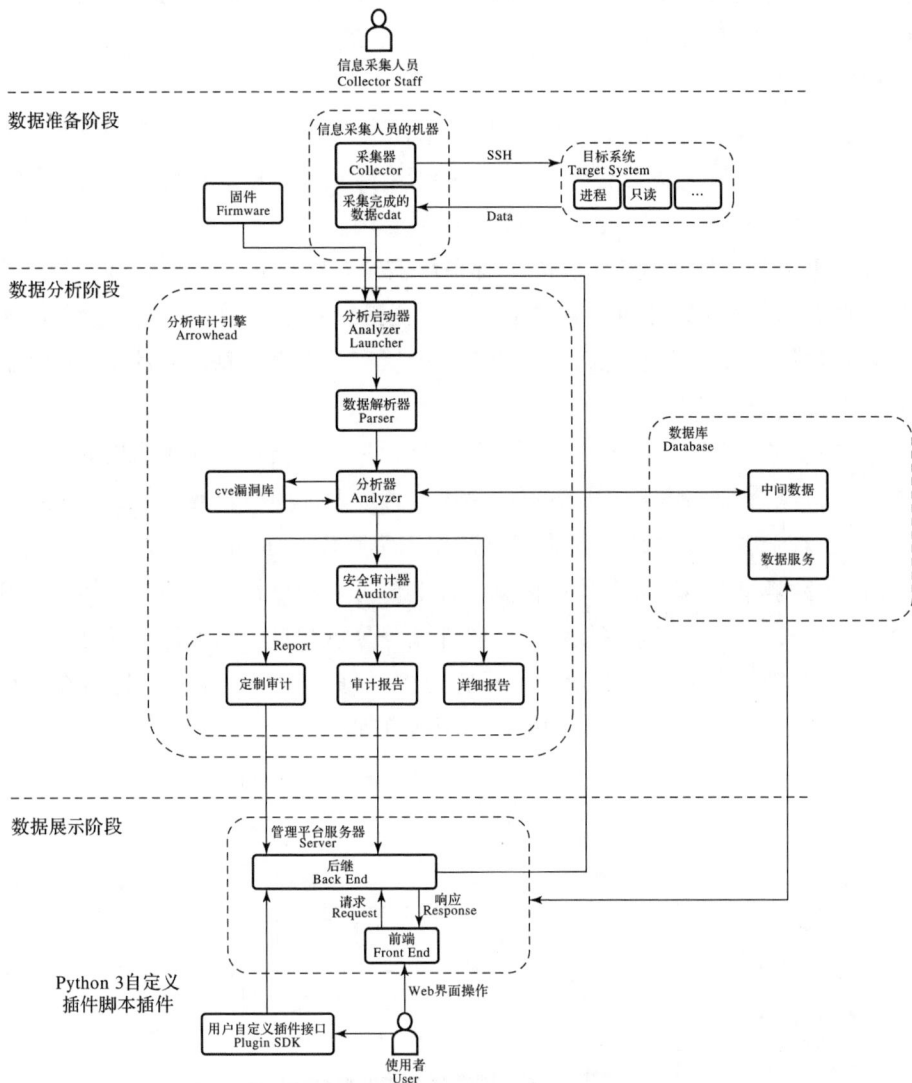

图 6 -24 固件检测模块架构图

采集器 collector 为静态编译的二进制程序，需要运行在 64 位 Linux 系统上，目前在 ubuntu18 以及 centos7 上测试通过，该程序通过读取配置文件来与目标机器通信并收集信息。

分析审计引擎是整个系统的核心部分，分析的启动是通过分析启动器 Analyze Launcher 来发动，然后通过数据解析器 Parser 对数据进行解析，解析完后的数据通过分析器 Analyzer 的处理后存入数据库 DataMid，然后结构化后的数据通过安全审计器 Auditor 的审计之后形成报告。

管理平台服务器的主要作用是作为服务器处理前后端的请求，所有的用户请求都经过服务器解析后进行相应的动作。

（4）技术特性。

1）系统为核心的基线审计。有别于一般安全扫描工具的功能单一，对系统不同维度的漏洞均有扫描，并用统一框架管理评估。

2）精准的软件成分分析。深度专业的漏洞扫描，快速定位漏洞位置。支持第三方库 cve 和 License 审计，支持内核 cve，提供详尽的 cve 信息，包括 cve 危险等级、PoC、Patch、漏洞状态等信息。

3）自动化适配系统。支持多种嵌入式操作系统，支持多种主流 CPU 架构，对裁剪的系统非常友好，对系统环境没有依赖并且不会在目标文件系统内读写；支持常见文件系统、压缩包、固件镜像格式。

4）安全合规性支撑。大幅简化合规性检查，支撑产品开发至上线、供应链安全管理的全链路合规检查。支持信息安全系列标准、联合国欧洲经济委员会（the United Nations Economic Commission for Europe，UNECE）WP. 29 法规，并持续关注各领域新规。

5）安全能力持续集成。用户可以通过调用自定义插件接口 SDK 进行个性化规则插件的编写，并可以直接添加到系统的检测项中，除此之外其他工具的检测能力也可以集成进平台。sysAuditor 可集成自有 CI 场景，在软件开发周期中全流程保障系统安全。

6）系统信息和漏洞管理平台。支持不同系统版本间的管理、系统漏洞统一管理、使用者角色工作组管理、第三方工具和插件管理。

三、预期成效

通过打造的电力物联网应用检测平台，秉承"安全向左移"，将工业物联网设备安全事件风险缓解在初始阶段，提升厂商的产品生产质量，促进行业有序发展。运用半自动或全自动检测技术，降低人工对多种类终端，多样性协议，多业务数据的检测成本，保障检测的快速有效，并形成标准化流程。拥有插件化开放架构，支持第三方插件应用的接入，在扩展平台的综合检测能力的同时，也充分运用企业以往的优秀的安全检测插件，在减少成本的同时，也促进了安全检测体系建设并能够有效保证技术的先进性。

第五节 展望

未来软件供应链安全的发展趋势主要体现在以下几个方面：

（1）进一步加大对安全自动化和 AI 技术的投资力度，以提升管理效率并有效预防潜在风险。然而，在推进过程中需审慎应对数据隐私、合规性保障及成本控制等挑战。

（2）将强化供应商的安全审查和监管机制，通过建立健全的评估制度，全面评估供应商的产品和服务，从而进一步提升供应链的整体安全性。

（3）针对开源软件安全问题，鉴于其项目数量的持续增长而安全状况却出现下滑的趋势，必须强化风险管控措施，确保软件的安全性。

（4）随着软件供应链安全事件的日益受到关注，相关政策法规和标准将逐步完善，这将有助于推动市场容量的进一步扩大。在国际层面，美国等国家正积极探索 SBOM 应用的落地与易用性，并在供应链安全框架中充分考虑 AI 技术的应用。

一、软件供应链安全自动化的挑战与应对

软件供应链安全自动化的推广和应用在可预见的未来承载着极其关键的角色，它不仅关系到信息技术产业的持续健康发展，更关乎国家网络安全的基石是否稳固。自动化技术在软件开发和维护的生命周期中，能够实现对潜在风险的快速识别和响应，比如自动化的代码审查工具能高效识别出代码中的安全缺陷和漏洞，极大减轻了工程师们的工作负担，并且提高了检测的准确性，降低了人为失误的风险。然而，自动化工具的广泛应用也带来了新的挑战和风险。

首先，安全自动化过程中需要收集和处理大量的数据，这些数据的采集和使用可能会触及个人隐私保护和数据合规性的敏感话题。在数据驱动的安全管理中，如何确保数据采集的合法性、正当性，以及如何在不侵犯用户隐私的前提下进行有效的数据分析，成为自动化技术发展中必须正视的问题。这就要求我们在设计和实施安全自动化工具时，必须建立起一套完善的数据管理框架，确保所有数据的收集、处理和分析活动都能够严格遵守国家的法律法规，同时符合社会伦理和道德标准。

其次，自动化安全工具往往需要消耗大量的计算资源，这在一定程度上增加了企业的运营成本。对于那些资源有限的中小企业来说，这无疑是一个额外

的挑战。他们可能面临着在确保软件供应链安全与控制成本之间的艰难抉择。为了应对这一挑战，企业可以采取多种措施，例如通过优化算法提高计算效率，或者利用云计算和大数据技术来共享资源，从而降低单个企业的硬件投入和技术门槛。

此外，行业内也可以积极探索建立共享平台和机制，通过集中管理和优化资源配置，来减轻单个企业的财务负担。这种资源共享的模式不仅可以提升行业整体的防御能力，还能促进企业间的合作与共赢，共同推动我国软件供应链安全自动化水平的提升。总的来说，软件供应链安全自动化的发展是一项系统工程，需要政府、企业和行业组织共同努力，形成合力，共同应对挑战，共享发展成果。

二、供应商安全审查的具体标准和流程

供应商安全审查的标准通常是全面而严格的，它涉及对供应商的综合评估，包括但不限于资质、经验、技术实力和安全管理水平等多个重要方面。在资质审核这一环节，着重于确认供应商的各类法定证照是否完备且保持有效，如营业执照、税务登记证、组织机构代码证等，这些证照是供应商合法经营的基础。经验方面，审查人员会深入研究供应商在以往类似项目中的参与情况，以及它们所取得的成就和反馈，以此来评估其执行和完成项目的能力。技术实力则通过考察供应商的研发设施、技术创新成果等方面来衡量。安全管理水平则关注供应商是否有健全的安全管理制度，以及它们在风险识别、评估和应对方面的能力。

整个审查流程是一个系统而细致的工作，通常需要组建一个由多领域专家组成的审核团队，确保团队成员在安全知识、技术能力等方面具有深厚的背景和丰富的实践经验。这个团队中可能包括安全专家、技术专家以及其他相关领域的专业人员。接下来，制定审核计划，计划中应详细规定审核的具体时间、地点、范围以及重点关注的事项，确保审核工作的高效和有序进行。在实际的现场考察环节，审核团队需要全面观察和评估供应商的现场环境、设备设施的状况、工作人员的操作规范性等，从而对供应商的安全管理水平有一个全方位的了解。通过这样的流程，最终形成一份详尽的审核报告，并提出具体的改进建议，旨在帮助供应商提升安全管理水平，确保供应链的安全和稳定。

三、开源软件供应链安全的管控策略

开源软件供应链的安全管控至关重要，其意义不可低估。由于开源软件的数量正在呈指数级增长，因此，它的安全状况也变得越来越复杂。在这种情况下，需要采取一系列措施来确保开源软件的安全。

首先，应该建立一个开源软件安全漏洞知识库。这个知识库的主要任务是对已知的安全漏洞进行收集、整理和分析，以便为安全分析与治理提供有力的支持。这样一来，就可以更加系统地了解开源软件的安全状况，从而更好地保护我们的软件系统。

其次，需要加强对开源软件安全漏洞的影响分析。具体来说，需要量化这些安全漏洞对软件产品的风险以及规避这些风险所需的代价。例如，对于广泛使用的开源组件，如 Linux 内核，一旦发现安全漏洞，需要迅速评估其对整个软件生态系统的影响范围和潜在危害。

此外，还应该推动开源社区加强自身的安全管理。这包括鼓励开发者遵循安全开发规范，及时修复发现的漏洞，从源头上减少开源软件的安全风险。

同时，企业在使用开源软件时，也需要进行严格的安全评估和测试。这是为了避免引入潜在的安全风险，从而保护企业的软件系统不受攻击。

开源软件供应链的安全管控是一项复杂的任务，要采取多种措施应对，以保护软件系统，避免因为安全问题而带来的损失。

四、软件供应链安全事件的影响与应对措施

软件供应链安全事件所带来的后果是全方位且深刻的。这类事件有潜力引发企业内部数据的广泛泄露，造成业务流程的中断，对企业的商誉造成损害，并侵蚀用户对企业的信任，这些连锁反应可能导致企业面临巨额的经济损失。以 SolarWinds 和 Log4j 为代表的安全事件，已经波及了众多企业和各种规模的组织，严重干扰了它们的日常运营。

为了有效应对这类安全挑战，必须采取迅速而有力的措施。首先，企业应当构建一个高效快速的应急响应系统，保障在安全事件发生时，能够立即激活应急预案，迅速进行系统漏洞的修补和风险的评估。其次，企业需要强化安全监控和预警机制，以便能够尽早发现潜在的安全威胁，并采取相应的预防措施。同时，行业内各企业之间应增强合作，共同交流安全情报和应对经验，通过集体的力量来抵御安全威胁。

五、国际上软件供应链安全的研究重点

在全球范围内，软件供应链安全的研究和探讨呈现出多元化的趋势，其焦点广泛分布于各个领域。其中，一个重要的研究方向是软件持续安全验证技术的深入探索和实际应用。这包括对基于 sigstore 技术的软件持续安全验证的广泛研究，sigstore 技术以其高安全性、高效率性受到了业界的青睐。

另一方面，研究者们同样关注软件供应链的入口和出口管控，这是确保软件供应链安全的基础。这涉及从组件引入的初始阶段就开始进行严格的控制，包括但不限于对高危组件的禁止引入，确保软件在构建、测试、部署等各个阶段的纯净性和安全性。此外，在全程中整合第三方软件的检测和修复能力，以应对可能出现的安全问题。

开源软件的安全性也是国际上关注的重点之一。例如，Kubernetes 在生产环境中采用了 Sigstore 来签署工件和验证签名，这一举措极大地提升了开源软件的安全性。

以美国为例，其在医疗设备领域出台了新的法规要求。这些要求包括，在医疗设备上市前，需要提交相关的医疗设备系统安全风险管理活动记录。这表明，除了进行漏洞评估和威胁建模等活动外，还需要实施软件物料清单（SBOM）等措施，以全方位保障医疗设备的安全性。

无论是从技术层面，还是从管理层面，国际上都在积极探索和实践软件供应链安全的各种可能性，以期构建一个安全、可靠、高效的软件供应链环境。

六、未来软件供应链安全的法规政策走向

在未来，我们可以预见到，关于软件供应链安全的法规和政策将会变得更加严格和完善。随着各国政府对于软件供应链安全的重视程度不断提高，他们可能会进一步加大对软件供应链的监管力度，出台更多的具体法规和标准，以此来要求企业加强软件供应链的安全管理。

例如，政府可能会规定，企业必须建立完善的安全管理制度，对供应商进行严格的安全审查，及时报告安全事件等。这些规定的出台，旨在确保软件供应链的安全性得到有效的保障。

同时，未来的法规政策可能会更加注重软件供应链的全生命周期管理，这意味着，从软件的开发、交付，到使用的各个环节，都将受到规范和监管。这样的管理方式，可以确保软件供应链的每一个环节都能得到有效地控制，从而

提高整体的安全性。

此外，随着科技的发展，新的安全威胁和挑战也会不断出现。因此，法规政策也需要不断地更新和调整，以适应这些新的威胁和挑战。

七、电力软件供应链安全未来发展

在未来，电力软件供应链安全的发展趋势呈现出多维度、全方位的特点。技术创新将成为保障电力软件供应链安全的核心驱动力。人工智能与机器学习的应用，能够通过对大量历史安全数据的学习，自动识别潜在安全风险和异常行为，对软件代码进行自动分析，极大地提高了安全检测的效率和准确性。区块链技术凭借其去中心化、不可篡改和可追溯性的独特优势，在供应链的各个环节记录每一个操作和交易，确保数据的真实性和完整性，建立起可靠的信任机制。而量子加密技术作为应对未来量子计算挑战的关键，为电力软件通信提供了无条件安全的加密通道，有效防止信息被窃取或篡改。

管理体系的不断完善是确保电力软件供应链安全的重要保障。全生命周期安全管理将贯穿软件的需求分析、设计、开发、测试、部署、维护和更新等各个阶段。从源头融入安全设计，在开发过程中严格遵循安全编码规范和测试方法，在后续阶段持续监测运行状态，及时处理安全问题。供应链风险管理方面，电力企业将更加重视对软件供应商的安全审查和评估，建立完善的风险评估和预警机制，并制定应急预案以应对可能出现的安全事件。同时，随着行业对安全的重视，相关法规和标准将不断完善，推动电力企业严格遵守，提升整个行业的安全水平。

协同合作是未来电力软件供应链安全的关键举措。产业链上下游企业将加强协同，共享安全信息和资源，建立紧密合作关系共同维护供应链安全。跨行业合作也将拓展安全生态系统，电力行业将与信息技术、通信、金融等其他行业交流借鉴先进安全技术和管理经验。在全球化背景下，国际合作进一步加强，各国共同制定国际标准和规范，分享安全经验和技术，以提高全球电力软件供应链的安全水平，共同抵御网络攻击和安全威胁，最终保障电力系统的稳定运行。

软件供应链安全在未来将会成为一个至关重要的议题，需要各方共同努力，不断加强技术创新，完善管理流程，制定有效的法规政策，以应对日益复杂的安全挑战，保障软件供应链的安全稳定。这是一个长期而艰巨的任务，但只有这样，才能确保软件供应链的安全，从而保障生活和工作的正常进行。

参 考 文 献

［1］毛雄建. 开源内容管理系统在科技管理中的应用与研究［D］. 昆明：昆明理工大学，2013.

［2］王雪飞. 企业信息安全标准制度体系研究［J］. 电力信息与通信技术，2015，（08）：119 – 123.

［3］李昕，陈智俐. 开源软件安全问题与对策［J］. 计算机安全，2008，（04）：54 – 56.

［4］金芝，周明辉，张宇霞. 开源软件与开源软件生态：现状与趋势［J］. 科技导报，2016，（14）：42 – 48.

［5］林婵，李俊杰，饶飞，等. 基于索引的分布式代码克隆检测［J］. 信息安全研究，2016，（03）：201 – 210.

［6］舒翔. 基于索引和序列匹配的代码克隆检测技术研究［D］. 杭州：杭州电子科技大学，2015.

［7］叶青青. 软件源代码中的代码克隆现象及其检测方法［J］. 计算机应用与软件，2008，（09）：147 – 149，159.

［8］黎文阳. 大数据处理模型 Apache Spark 研究［J］. 现代计算机（专业版），2015，（08）：55 – 60.

［9］胡俊，胡贤德，程家兴. 基于 Spark 的大数据混合计算模型［J］. 计算机系统应用，2015，（04）：214 – 218.

［10］陈锦富，赵小磊，刘一松，等. 基于形式化单子的第三方构件安全性测试模型及其应用. 计算机学报，2019，42（7）：1626 – 1639.

［11］陈良. 恶意代码检测中若干关键技术研究［D］. 扬州：扬州大学，2012.

［12］敬锐. 恶意代码检测系统的研究与实现［D］. 成都：电子科技大学，2010.

［13］邱景. 面向软件安全的二进制代码逆向分析关键技术研究［D］. 哈尔滨：

哈尔滨工业大学, 2015.

[14] 马金鑫, 李舟军, 忽朝俭, 等. 一种重构二进制代码中类型抽象的方法 [J]. 计算机研究与发展, 2013, (11): 2418 – 2428.

[15] 李舟军, 张俊贤, 廖湘科, 等. 软件安全漏洞检测技术 [J]. 计算机学报, 2015, (04): 717 – 732.

[16] 李朝君. 二进制代码安全性分析 [D]. 合肥: 中国科学技术大学, 2010.

[17] 颜颖, 方勇, 刘亮, 等. 基于基本块指纹的二进制代码同源性分析 [J]. 网络安全技术与应用, 2017, (03): 67 – 69.

[18] 郭昊坤, 吴军基. Agent 技术在中国智能电网建设中的应用 [J]. 电网与清洁能源, 2014, 30 (02): 12 – 16.

[19] 侯富, 毛新军, 吴伟. 一种基于多 Agent 系统的云服务自组织管理方法 [J]. 软件学报, 2015, 26 (04): 835 – 84

[20] 李福明. 基于海量信令数据的服务业线上活跃用户识别系统的设计与实现 [D]. 北京: 北京邮电大学, 2015.

[21] 刘顺程, 岳思颖. 大数据时代下基于 Python 的网络信息爬取技术 [J]. 电子技术与软件工程, 2017, (21): 160.

[22] 韩晓光. 恶意代码检测关键技术研究 [D]. 北京: 北京科技大学, 2015.

[23] 郝树魁. Hadoop HDFS 和 MapReduce 架构浅析 [J]. 邮电设计技术, 2012, (07): 37 – 42.

[24] 陈永慈. 安全软件开发环境中安全测试工具的设计与实现 [D]. 天津: 天津大学, 2008.